土力学试验教程

主　编　李　凯
副主编　张作合　张庆海　王　超
主　审　周利军

黄河水利出版社
·郑　州·

图书在版编目(CIP)数据

土力学试验教程/李凯主编. -- 郑州：黄河水利
出版社，2024.7. -- ISBN 978-7-5509-3930-1

Ⅰ.TU41

中国国家版本馆 CIP 数据核字第 2024AN6977 号

策划编辑：王志宽　电话：0371-66024331　E-mail：278773941@qq.com

责任编辑	冯俊娜	责任校对	杨秀英
封面设计	李思璇	责任监制	常红昕

出版发行　黄河水利出版社

地址：河南省郑州市顺河路 49 号　邮政编码：450003

网址：www.yrcp.com　E-mail：hhslcbs@ 126.com

发行部电话：0371-66020550

承印单位　河南承创印务有限公司

开　　本　787 mm×1 092 mm　1/16

印　　张　7.75

字　　数　184 千字

版次印次　2024 年 7 月第 1 版　　　　2024 年 7 月第 1 次印刷

定　　价　28.00 元

前　言

　　土力学试验是应用型本科水利工程、土木工程等学科中各相关专业的一个重要的实践环节,土力学试验为工程设计和施工提供可靠参数,是工程项目建设成功与否的关键。本书作为土力学课程的配套试验教学用书,主要为应用型本科院校学生试验工作提供指导,为指导教师在试验教学中提供参考,也可以供土木工程生产中的试验技术人员参考。编者本着"易懂、实用、操作性强"的原则编写本书,希望能有效推动应用型本科教育教学改革的发展。

　　本书采用了国家及有关行业关于土力学试验的最新规范和规程。全书共分为两个部分:第1部分为土力学基础试验,介绍试验基础知识、密度试验、含水率试验、土粒比重试验、颗粒分析试验、界限含水率试验、击实试验、渗透试验、固结试验、土的直接剪切试验、土的三轴压缩试验和无侧限抗压强度试验;第2部分为开放性试验,介绍开放性试验的目的、保障条件、实施步骤及开放性试验项目。开放性试验项目均为综合性试验,试验项目的设计考虑了土力学试验在土木工程建设中的实际应用,同时兼顾了土力学教学内容系统性的要求。通过开放性试验,学生可以受到实践操作的初步训练,并真实地感受到土的物理性质的复杂性、土力学试验在建筑工程实践中的重要性等,启发学生积极思考、勇于创新,培养专业型技术人员,为学生今后工作打下坚实的基础。

　　本书由绥化学院李凯、张作合、张庆海以及绥化市水利水电勘测设计研究院王超共同编写,全书由李凯担任主编,由周利军担任主审。具体编写分工如下:第1部分第1~6章及第2部分第13章和第14章第1节由李凯编写;第1部分第7章、第8章及第2部分第14章第2~3节由王超编写;第1部分第9章、第12章由张作合编写;第1部分第10章、第11章及第2部分第14章第4~5节由张庆海编写。

　　本书得到绥化学院校本实践教材立项项目的资助(XBJC202303),在编写过程中引用了许多专家、学者在教学、科研、试验中积累的资料以及有关的规范规程条文,在此一并表示感谢。

　　限于作者水平,书中难免存在不当之处,恳请读者批评指正。

编　者

2024 年 6 月

目　录

第 2 部分　开放性试验

第 1 部分 土力学基础试验

第 1 章 试验基础知识

第 1 节 土力学试验的意义和试验项目

1.1.1 土力学试验的意义

在土木工程中,所有建筑物都修建在地基上,建筑物的全部重量和所传递的荷载都由地基土支撑。因此,土是土木工程中应用最广泛的一种建筑材料或介质。

土是地壳表层的岩石经历水流、冰川、风等自然力的剥蚀、搬运及堆积作用而形成的松散堆积物。其历史在地质年代中一般较短,多数在一百万年以内,属于第四纪堆积土。

在进行地基强度和变形计算时,必须先研究土的应力、强度和变形性质,研究土体在各种应力状态下的破坏形态和变形规律。因此,土力学是将土作为建筑物的地基、材料或介质来研究的一门学科,是研究土的物理力学性质及土体在荷载、水、温度等外界因素作用下工程性状的应用科学。

土力学试验是土力学的基本内容之一,它的任务是对土的工程性质进行测试,以获得土的物理性质指标(如密度、含水率、土粒比重等)和力学性质指标(如压缩模量、抗剪强度指标等),从而为工程设计和施工提供可靠的参数。它是正确评价工程地质条件不可缺少的前提和依据。土力学试验在工程实践中十分重要,在土力学学科理论的研究和发展中也起着决定性作用。

1.1.2 土力学试验项目

土力学试验项目大致可以分为土的物理性质试验和土的力学性质试验。土的物理性质试验包括土的含水率试验、密度试验、土粒比重试验、颗粒分析试验、界限含水率试验(液限、塑限和缩限试验)、相对密度试验等。土的力学性质试验包括土的渗透试验、固结试验、直接剪切试验、三轴压缩试验、击实试验、无侧限抗压强度试验等(见表1-1)。

表 1-1　土力学基础试验项目汇总

序号	试验项目	试验成果	试验类型	成果应用	能力培养
1	密度试验	土的密度	基础试验	计算土的基本物理指标	掌握环刀法测定土的密度的方法,运用密度换算其他物理指标
2	含水率试验	含水率	基础试验	计算土的基本物理指标	掌握烘干法测定土的含水率的方法,运用含水率换算其他物理指标
3	土粒比重试验	土粒比重	基础试验	计算土的基本物理指标	学会运用比重瓶法测定土粒比重
4	颗粒分析试验	颗粒级配曲线、不均匀系数、曲率系数	基础试验	进行土的工程分类、填料的类别分类	培养试验结果的计算、绘图能力;以土的级配为核心,培养结合实际工程分析问题的能力
5	界限含水率试验	液限、塑限、塑性指数、液性指数	基础试验	进行土的工程分类,判断土的物理状态	掌握液、塑限联合测定法,培养分析黏性土的性质和状态的能力
6	击实试验（黏性土）	含水率与干密度的关系曲线、最大干密度、最优含水率	基础试验	用于路基填筑施工的质量控制	掌握土的击实特性,了解土的含水率、击实功对土压实性的影响
7	渗透试验（黏性土）	渗透系数	基础试验	用于有关渗透问题的计算	理解达西定律,掌握黏性土渗透系数的试验方法
8	固结试验（快速法）	孔隙比与压力的关系曲线、时间压缩曲线、压缩系数、体积压缩系数、压缩指数、回弹指数、固结系数	基础试验	计算黏性土的沉降量及沉降速率	熟悉土的压缩性指标测定方法,培养分析归纳的能力;掌握黏性土变形的计算;了解黏性土变形速率的计算

续表 1-1

序号	试验项目	试验成果	试验类型	成果应用	能力培养
9	直接剪切试验（快剪法）	抗剪强度指标	基础试验	用于地基、边坡、挡土墙稳定性计算	理解库仑定律，掌握直接剪切试验方法
10	三轴压缩试验	应力-应变关系、内摩擦角、黏聚力	基础试验	用于地基、边坡、挡土墙的稳定性计算	了解三轴压缩试验方法；了解在不同工程条件下，3 种排水强度指标的选用方法
11	无侧限抗压强度试验	应力-应变关系、无侧限抗压强度、灵敏度	基础试验	用于确定地基土的天然强度及参数和灵敏度	掌握地基土的无侧向抗压强度的测定方法和地基土灵敏度的计算方法

第 2 节　土样采集和土的工程分类

为研究地基土的工程性质，需要从建筑场地中采集原状土样送到实验室进行土的各项物理力学性质试验。保证试验数据可靠性的关键环节是使试样保持原状结构、密度与含水率。为取得高质量的不扰动土，要采用一套正确的取土技术，包括钻进方法、取土方法、包装运输和保存方法。

1.2.1　取土方法

土样可通过钻孔、探井、探槽或探洞采集。在采集土样时，对不同等级土样要求采取不同的取土方法和工具，除应按《岩土工程勘察规范（2009 年版）》（GB 50021—2001）规定的取样工具和方法进行外，还应使所取的土样具有代表性。

在钻孔内用取土器采取土样，取土器直径不得小于 100 mm，并使用专门的薄壁取土器。挖掘探井、探槽或探洞时，在挖掘的探井、探槽或探洞中进行人工切削，取块状试样，其取土质量可达 I 级。

1.2.2　影响取土质量的因素

取土质量对岩土工程性质评价的可靠性起着关键作用。若取土质量无法保证，则取土数量和试验的数量再多，试验仪器再好，试验方法再严格，也无法使试验结果正确反映土的实际性质。影响取土质量的因素见表 1-2。

表 1-2　影响取土质量的因素

因素	内容
应力变化	1. 钻探操作工艺、钻头扰力、泥浆压力、孔内外水位差; 2. 从取土器中推出土样,围压卸除,溶于水中的气体以气泡形式释放出来
取土技术	1. 取土器的结构和几何参数(如长径比、面积比、内间隙比等); 2. 取土方式(压入、打入等)
其他	1. 运输过程中的振动、失水等; 2. 储存过程中的物理、化学变化(温度、化学、生物作用); 3. 制备土样时的切削扰动

表 1-2 所列的因素,有些是可以控制的,如取土器的几何参数、取土方式等;有些因素是无法避免的,如应力变化等。因此,实际上完全不扰动土样是不存在的,扰动程度不同的土样是存在的。

1.2.3　取土质量等级

《岩土工程勘察规范(2009 年版)》(GB 50021—2001)将土样按扰动程度划分为 4 级,见表 1-3。

表 1-3　土样质量等级划分

级别	扰动程度	可供试验项目
Ⅰ	不扰动	土类定名、含水率试验、密度试验、强度试验、固结试验
Ⅱ	轻微扰动	土类定名、含水率试验、密度试验
Ⅲ	显著扰动	土类定名、含水率试验
Ⅳ	完全扰动	土类定名

1.2.4　土的工程分类

我国已建立较为完整的土的工程分类体系,并于 2007 年颁布了中华人民共和国国家标准《土的工程分类标准》(GB/T 50145—2007),这是我国工程建设所涉及土类的通用分类标准。该分类标准是根据多个国家广泛应用的分类法的基本原理,结合我国实际情况制定的。此外,各行业的工程部门根据各自的专门需要编制了专门分类标准。本书主要介绍《水电水利工程土工试验规程》(DL/T 5355—2006)中土的工程分类。

1.2.4.1　粒组划分与名称

构成土的粒组颗粒粒径范围划分与名称应符合表 1-4 的规定。

表 1-4　粒组划分与名称

粒组划分与名称			粒径 d 的范围/mm
巨粒	漂石(块石)		$d>200$
	卵石(碎石)		$200 \geqslant d>60$
粗粒	砾(圆砾、角砾)	粗砾	$60 \geqslant d>20$
		中砾	$20 \geqslant d>5$
		细砾	$5 \geqslant d>2$
	砂	粗砂	$2 \geqslant d>0.5$
		中砂	$0.5 \geqslant d>0.25$
		细砂	$0.25 \geqslant d>0.075$
细粒	粉粒		$0.075 \geqslant d>0.005$
	黏粒		$0.005 \geqslant d$

1.2.4.2　土类的基本名称和代号

土类的基本名称和代号应该符合表 1-5 的规定。

表 1-5　土类的基本名称与代号

名称	漂石	卵石	砾	含砾	砂	含砂	粉土	黏土	细粒土	混合土	级配良好	级配不良	高液限	低液限
代号	B	Cb	G	g	S	s	M	C	F	Sl	W	P	H	L

表示土类的代号应该符合下列规定:

(1)仅有 1 个基本代号即表示土的名称。

(2)由 2 个基本代号构成时:第 1 个基本代号表示土的主成分;第 2 个基本代号表示土的副成分或土的级配特征或土的液限。

(3)由 3 个基本代号构成时:第 1 个基本代号表示土的主成分;第 2 个基本代号表示土的混合成分或土的级配特征或土的液限;第 3 个基本代号表示土的副成分或次要成分。

1.2.4.3　各类土的详细定名分类

(1)巨粒类土的分类和定名。

试样中巨粒组含量大于 75% 的土为巨粒土;巨粒组含量大于 50% 且小于或等于 75% 的土为混合巨粒土;巨粒组含量大于 15% 且小于或等于 50% 的土为巨粒混合土。巨粒类土的分类和定名应符合表 1-6 的规定。

表 1-6　巨粒类土的分类和定名

土类	粒组含量		土名称	土代号
巨粒土	巨粒含量>75%	漂石(块石) >卵石(碎石)	漂石(块石)	B(B_a)
		漂石(块石) ≤卵石(碎石)	卵石(碎石)	Cb(Cb_a)
混合巨粒土	巨粒含量 >50%, ≤75%	漂石(块石) >卵石(碎石)	混合土漂石(块石)	B(B_a)Sl
		漂石(块石) ≤卵石(碎石)	混合土卵石(碎石)	Cb(Cb_a)Sl
巨粒混合土	巨粒含量 >15%, ≤50%	漂石(块石) >卵石(碎石)	漂石(块石)混合土	SlB(B_a)
		漂石(块石) ≤卵石(碎石)	卵石(碎石)混合土	SlCb(Cb_a)

(2)粗粒类土的分类和定名。

试样中粗粒组含量大于 50%的土为粗粒类土,其中砾粒组含量大于砂粒组含量的土为砾类土,砂粒组含量大于或等于砾粒组含量的土为砂类土。

砾类土的分类和定名应该符合表 1-7 的规定。

表 1-7　砾类土的分类和定名

土类	细粒组含量及名称		级配特征	土名称	土代号
砾	≤5%		$C_u>5,C_c=1\sim3$	级配良好砾	GW
			不同时满足 上述要求	级配不良砾	GP
含细粒土砾	>5%,≤15%			含细粒土砾	GF
细粒土质砾	>15%, <50%	黏土		黏土质砾	GC
		粉土		粉土质砾	GM

(3)砂类土的分类和定名。

砂类土的分类和定名应该符合表 1-8 的规定。

表 1-8　砂类土的分类和定名

土类	细粒组含量及名称		级配特征	土名称	土代号
砂	≤5%		$C_u>5, C_c=1\sim3$	级配良好砂	SW
			不同时满足上述要求	级配不良砂	SP
含细粒土砂	>5%,≤15%			含细粒土砂	SF
细粒土质砂	>15%,<50%	黏土		黏土质砂	SC
		粉土		粉土质砂	SM

（4）细粒类土的分类和定名。

试样中细粒组含量大于或等于 50% 的土为细粒类土,粗粒组含量小于或等于 15% 时为细粒土,粗粒组含量大于 15% 且小于或等于 30% 时称含粗粒细粒类土,粗粒组含量大于 30% 且小于或等于 50% 时称粗粒质细粒类土。细粒土的分类和定名应该符合表 1-9 的规定。

表 1-9　细粒土的基本分类和定名

土的塑性指标在塑性图中的位置		土名称	土代号
塑性指数 I_p	液限 ω_L		
$I_p\geq0.73(\omega_L-20)$ 和 $I_p\geq10$	$\omega_L\geq50\%$	高液限黏土	CH
	$\omega_L<50\%$	低液限黏土	CL
$I_p<0.73(\omega_L-20)$ 和 $I_p<10$	$\omega_L\geq50\%$	高液限粉土	MH
	$\omega_L<50\%$	低液限粉土	ML

1.2.5　土样状态描述

在现场采样和试验启用土样时,土的描述应符合下列规定:

（1）碎石土应描述颗粒级配、颗粒形状、颗粒排列、母岩成分、风化程度、充填物的性质和充填程度、密实度等。

（2）砂土应描述颜色、矿物组成、颗粒级配、颗粒形状、黏粒含量、湿度、密实度等。

（3）粉土应描述颜色、包含物、湿度、密实度、摇震反应、光泽反应、干强度、韧性等。

（4）黏性土应描述颜色、状态、包含物、光泽反应、摇震反应、干强度、韧性、土层结构等。

1.2.6　土样的要求

试验所需土样的数量应满足要进行的试验项目和试验方法的需要,采样(ϕ 10 cm×20 cm)的数量宜按表 1-10 中的规定采取。

表 1-10　试验取样数量和过筛标准

试样项目	黏土		砂土		过筛标准/mm
	原状土(筒)ϕ 10 cm×20 cm	扰动土/g	原状土(筒)ϕ 10 cm×20 cm	扰动土/g	
含水率		800		500	
比重		800		500	
颗粒分析		800		500	
界限含水率		500			0.5
密度	1				
固结	1	2 000			2.0
三轴压缩	2	5 000		5 000	2.0
直接剪切	1	2 000			2.0
击实		轻型:大于 15 000 重型:大于 30 000			5.0
无侧限抗压强度	1				
渗透	1	1 000		2 000	2.0

原状土样应符合下列要求:

(1)土样密封应严密,保存和运输过程中不得受震、受热、受冻。

(2)土样取样过程中不得受压、受挤、受扭。

(3)土样应充满取土筒。

原状土样和需要保持天然含水率的扰动土样在试验前应妥善保存,并应采取防止水分蒸发的措施。

第 3 节　土样制备

1.3.1　土样预备程序

细粒土样预备程序如下:

(1)将扰动土样进行土样描述,如颜色、土类、气味及夹杂物等;如有需要,将扰动土样充分拌匀,取代表性土样进行含水率测定。

(2)将块状扰动土样放在橡皮板上用木碾或碎土器碾散,但切勿压碎颗粒;当土含水率较大而不能碾散时,可先风干至易碾散。

(3)根据试验所需土样数量,将碾散后的土样过筛。物理性试验(如液限、塑限、缩限等试验)土样,需过 0.5 mm 孔径的筛;常规水理性及力学性试验土样,需过 2 mm 孔径的筛;击实试验中土样的最大粒径必须满足击实试验采用不同击实筒试验时的土样中最大颗粒粒径的要求。过筛后,取出足够数量的代表性土样,分别装入容器内,贴上标签,以备各项试验使用。

(4)为配制具有一定含水率的土样,取过 2 mm 筛孔的足够试验用的风干土 1~5 kg,平铺在不吸水的盘内,计算所需的加水量,用喷雾设备喷洒预计的加水量,并充分拌和;然后装入容器内盖紧,润湿 1 昼夜备用(砂性土润湿时间可酌情减短)。

(5)测定湿润土样不同位置(至少两个)的含水率,要求其差值满足含水率测定的允许平行差值。

(6)采用不同土层的土样制备混合试样时,应先根据各土层厚度,按比例计算相应的质量配合比,然后进行扰动土的制备工序。

粗粒土的预备程序如下:

(1)无黏聚性的松散砂土、砂砾及砾石取足够试验用的代表性土样做颗粒分析试验用,其余过 5 mm 孔径的筛。筛上、筛下土样分别储存,供做比重及最大孔隙比、最小孔隙比等试验用,取一部分过 2 mm 筛孔的土样以备力学性试验用。

(2)有部分黏土黏附在砂砾土上面时,则先用水浸泡,然后将浸泡过的土样在 2 mm 筛孔上冲洗,取筛上及筛下具有代表性的土样供各颗粒分析试验用。

(3)将过筛土样或冲洗下来的土浆风干至易碾散,按细粒土样预备程序进行。

1.3.2　扰动土试件制备

根据工程要求,将扰动土制备成所需的试样供湿化、膨胀、渗透、压缩及剪切等试验用。试件制备的数量视试验需要而定,一般应多制备 1~2 个试件备用,平行试验或同一组试样的密度、含水率与制备标准的差值,应分别在 ±0.1 g/cm³ 和 ±2% 范围之内。根据试件高度要求分别选用击实法和压样法,高度小的采用单层击实法,高度大的采用压样法。

1.3.2.1　击实法

(1)根据工程要求,选用相应的夯击功进行击实。

(2)按试件所要求的干密度、含水率制备湿土样。称量备好的湿土样质量,精确至 0.1 g。

(3)将试验用的切土环刀内壁涂一薄层凡士林,刀口向下,放在土样上。用切土刀将土样削成直径略大于环刀直径的土柱,然后将环刀垂直向下压,边压边削,至土样伸出环刀上部。削平环刀两端的土样,擦净环刀外壁,称量环刀和土的总质量,精确至 0.1 g,并测定环刀两端所削下土样的含水率。

(4)试件制备应尽量迅速,以免水分蒸发。

1.3.2.2 压样法

按试件所要求的干密度、含水率制备湿土样，并称量制备好的湿土样质量，精确至 0.1 g。将湿土倒入压模内，抚平土样表面，用静压力将土压至一定高度，用推土器将土样推出。

1.3.3 原状土试件制备

按土样上下层次小心开启原状土包装皮，将土样取出、放正，整平两端。将试验用的切土环刀内壁涂一薄层凡士林，刀口向下，放在土样上，无特殊要求时，切土方向应与天然土层层面垂直。

用切土刀将试件削成直径略大于环刀直径的土柱，然后将环刀垂直向下压，边压边削，至土样伸出环刀上部，削平环刀两端的土样，擦净环刀外壁。试件与环刀要密合，否则应重取。称量环刀和土的总质量，精确至 0.1 g，并测定环刀两端所削下土样的含水率。

切削过程中，应细心观察并记录土样的层次、气味、颜色，有无杂质，土质是否均匀，有无裂缝等。如连续切取数个试件，应保持含水率不发生变化。

视试件本身及工程要求，决定试件是否进行饱和；若不立即进行试验或饱和，则将土样暂存于保湿器内。

切取试件后，剩余的原状土样用蜡纸包好置于保湿器内，以备补做试验之用。切削的余土做物理性质试验。平行试验或同一组试件的密度差值不超过 ± 0.1 g/cm^3，含水率差值不大于 2%。

用冻土制备原状土样时，应保持原土样温度，保持土样的结构和含水率不变。

1.3.4 试件饱和

土的孔隙逐渐被水填充的过程称为饱和。孔隙被水充满时的土称为饱和土。试件饱和方法视土的性质可选用浸水饱和法、毛细管饱和法及真空饱和法。

砂类土：可直接在仪器内浸水饱和。

较易透水的黏性土（渗透系数大于或等于 10^{-4} cm/s 时）：采用毛细管饱和法较为方便，也可采用浸水饱和法。

不易透水的黏性土（渗透系数小于 10^{-4} cm/s 时）：采用真空饱和法。若土的结构性较弱，抽气可能发生扰动，则不宜采用此法。

1.3.4.1 毛细管饱和法

（1）仪器设备。

①饱和器：见图 1-1、图 1-2。

②水箱：带盖。

③天平：感量为 0.1 g。

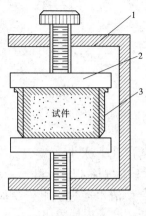

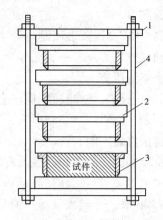

1—框架;2—透水石;3—环刀。

图 1-1　框架式饱和器

1—夹板;2—透水石;3—环刀;4—拉杆。

图 1-2　重叠式饱和器

（2）操作步骤。

①在重叠式饱和器下正中放置稍大于环刀直径的透水石和滤纸,将装有试件的环刀放在滤纸上,试件上面再放一张滤纸和一块透水石。按这样的顺序重复,由下向上重叠至适当高度,将饱和器上夹板放在最上部透水石上,旋紧拉杆上端的螺母,将各个环刀在上、下板间夹紧。

②将装好试件的饱和器放入水箱中(重叠式和框架式饱和器放倒),注清水于箱中,水面不宜将试件淹没,以便土中气体得以排出。

③关上箱盖,防止水分蒸发,利用土的毛细管作用使试件饱和,一般约需 3 d。

④取出饱和器,松开螺母,取出环刀,擦干外壁,吸去表面积水,取下试件上下滤纸,称量环刀和土总质量,精确至 0.1 g,并计算试件饱和度。

⑤如试件饱和度小于95%,则将环刀装入饱和器,浸入水内,延长饱和时间。

1.3.4.2　真空饱和法

（1）仪器设备。

①真空饱和法装置,如图 1-3 所示。

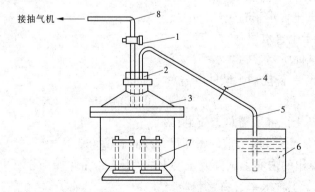

1—二通阀;2—橡皮塞;3—真空缸;4—管夹;5—引水管;6—水缸;7—饱和器;8—排气管。

图 1-3　真空饱和法装置

②饱和器。

③真空缸:金属或玻璃制。

④抽气机。

⑤真空测压表。

⑥其他:天平、硬橡胶管、橡皮塞、管夹、二路活塞、水缸、凡士林等。

(2)操作步骤。

①将试件装入饱和器。

②将装好试件的饱和器放入真空缸内,盖口涂一薄层凡士林,以防漏气。

③关上管夹,打开阀门,启动抽气机,抽除缸内及土中气体;当真空压力表示数达到 -101.325 kPa(一个负大气压力值)后,稍微开启管夹,使清水通过引水管徐徐注入真空缸内。在注水过程中,应调节管夹使真空压力表上的数值基本保持不变。

④待饱和器完全淹没于水中后即停止抽气,将引水管自水缸中提出,让空气进入真空缸内,静待一定时间,利用大气压力使试件饱和。

⑤取出实件称质量,精确至 0.1 g,计算试件饱和度。

1.3.5　计算

1.3.5.1　扰动土试件制备的计算

按式(1-1)计算干土质量

$$m_s = \frac{m}{1 + 0.01\omega_h} \tag{1-1}$$

式中　m_s ——干土质量,g;

　　　m ——风干土质量(或天然土质量),g;

　　　ω_h ——风干土含水率(或天然含水率)(%)。

按式(1-2)计算制备土试件所需加水量

$$m_w = \frac{m}{1 + 0.01\omega_h} \times 0.01(\omega - \omega_h) \tag{1-2}$$

式中　m_w ——土试件所需加水量,g;

　　　m ——风干土含水率时土试件的质量,g;

　　　ω_h ——风干土含水率(%);

　　　ω ——土试件所要求的含水率(%)。

按式(1-3)计算制备扰动土试件所需总土质量

$$m = (1 + 0.01\omega_h)\rho_d V \tag{1-3}$$

式中　m ——制备土试件所需总土质量,g;

　　　ρ_d ——制备土试件所要求的干密度,g/cm^3;

　　　V ——计算出的击实土试件或压模土试件体积,cm^3;

　　　ω_h ——风干土含水率,(%)。

按式(1-4)计算制备扰动土试件应增加的水量

$$\Delta m_w = 0.01(\omega - \omega_h)\rho_d V \tag{1-4}$$

式中 Δm_w ——制备扰动土试件应增加的水量,g;
其余符号含义同前。

1.3.5.2 饱和度的计算

饱和度按式(1-5)、式(1-6)计算:

$$S_r = \frac{(\rho - \rho_d)G_s}{e\rho_d} \tag{1-5}$$

$$S_r = \frac{\omega G_s}{e} \tag{1-6}$$

式中 S_r ——饱和度,%,精确至1%;
ρ ——土饱和后的密度,g/cm³;
ρ_d ——土的干密度,g/cm³;
e ——土的孔隙比;
G_s ——土粒比重;
ω ——土饱和后的含水率(%)。

第4节 试验成果的分析整理方法

1.4.1 数据整理的目的和原则

为使试验数据可靠和适用,应进行正确的数据分析和整理。试验数据分析和整理的主要内容包括:对评价指标探求变化规律;对设计所需的定量分析数据求取最佳值,确定计算指标。必要时还需建立土性指标之间的相互关系,作出相应的关系曲线或求出经验公式。

在进行试验成果的分析整理时,必须坚持理论与实际统一的原则,以现场和工程的具体条件为依据,以实测所得的实际结果为基础,以数理统计分析为手段,以土力学的基本理论为指导,区别不同条件,针对不同要求,采取不同方法。

1.4.2 数据舍弃标准

对试验成果中那些明显不合理的数据,应查明原因(试件是否有代表性,试验过程是否出现异常等),或有条件时,进行一定的补充试验,以便决定对可疑数据的取舍或改正。舍弃试验数据,应根据误差分析概念或概率概念进行。

当试验数据多(一般 $n>30$)时,某个测得值 x_i 的残余误差(残差)v_i ($v_i = x_i - \bar{x}$)的绝对值满足 $|v_i|>3s$(s 为标准差),则认为 x_i 是含有粗大误差的异常值,需剔除。

当试验数据不太多时,某个测得值 x_i 的残差 v_i 的绝对值满足 $|v_i|>Z_c s$ 则认为 x_i 是含有粗大误差的异常值,需剔除。Z_c 值随 n 的变化而变化,见表 1-11。

表 1-11　Z_c 与 n 的关系

n	3	4	5	6	7	8	9	10	15	20	25	30	40	50
Z_c	1.38	1.54	1.65	1.73	1.80	1.86	1.92	1.96	2.13	2.24	2.33	2.39	2.49	2.58

1.4.3　土性指标的统计分析和取值

土工试验测得的土性指标,可按其在工程设计中的实际作用区分为一般特性指标和主要计算指标。前者如土的天然密度、天然含水率、比重、颗粒组成、液限、塑限、有机质、水溶盐等,是指对土分类定名和阐述其物理化学特性的土性指标;后者如土的黏聚力、内摩擦角、压缩系数、回弹模量或承载比、渗透系数等,是指在设计计算中直接用于确定反映土体强度、变形和稳定性的土性指标。

对于一般特性指标的成果整理,通常可采用算术平均值 $\bar{x}$,并计算相应的标准差 s 与变异系数 C_v,或绝对误差 m_x,或精度指标 P_x,以反映实际测定值相对算术平均值的变化程度,从而判别其采用算术平均值的可靠性。

（1）算术平均值 $\bar{x}$。

$$\bar{x} = \frac{1}{n} \sum_{i=1}^{n} x_i \tag{1-7}$$

式中　x_i——指标各测定值;

　　n——指标测定的总次数。

（2）标准差 s。

$$s = \sqrt{\frac{1}{n-1} \sum_{i=1}^{n} (x_i - \bar{x})^2} \tag{1-8}$$

（3）变异系数 C_v。

$$C_v = \frac{s}{\bar{x}} \tag{1-9}$$

按表 1-12 评价变异性。

表 1-12　变异性评价

变异系数	$C_v < 0.1$	$0.1 \leqslant C_v < 0.2$	$0.2 \leqslant C_v < 0.3$	$0.3 \leqslant C_v < 0.4$	$C_v \geqslant 0.4$
变异性	很小	小	中等	大	很大

（4）绝对误差 m_x。

$$m_x = \pm \frac{s}{\sqrt{n}} \tag{1-10}$$

(5)精度指标 P_x。

$$P_x = \pm \frac{m_x}{\overline{x}} \times 100\% \qquad (1\text{-}11)$$

对于主要计算指标,在进行成果整理时,如果测定的组数较多,此时指标的最佳值接近于测定值的算术平均值,仍可按一般特性指标的方法确定其设计计算值,即采用算术平均值。但通常由于试验的数据较少,考虑测定误差的影响、土体本身的不均匀性、施工质量的影响以及构造物的规模和设计阶段,从安全角度考虑,除对初步设计和次要的构造物仍可采用算术平均值作为计算指标外,一般均应区别不同指标在设计计算中的不利影响,采用一个略高于(或略低于)算术平均值的数值作为计算指标。其高于(或低于)算术平均值的幅度,应视测定次数的多少、土样的不均匀性和构造物的重要程度等,采用标准差平均值,即将算术平均值加上(或减去)一个标准差后的绝对值,如 $|\overline{x} \pm s|$;或采用保证率平均值,即将算术平均值加上(或减去)一个按要求的保证率所确定的保证值后所得的值,如 $\overline{x} \pm (t_\alpha \cdot s / \sqrt{n})$,式中 s 为标准差,n 为测定次数,t_α 可按要求的保证率 α 和自由度 $(n-1)$ 由 t 分布表(见表 1-13)查得。在上述取值法中,建议优先考虑采用保证率平均值。大平均值(或小平均值)和标准差平均值因其较为方便,可直接使用于一般构造物的初步设计。

表 1-13　$t_\alpha / \sqrt{n}$ 值与 α、n 的关系

n	α		
	0.10	0.05	0.025
2	2.177	4.465	8.986
3	1.089	1.686	2.484
4	0.819	1.177	1.591
5	0.688	0.953	1.242
6	0.603	0.823	1.050
7	0.544	0.743	0.925
8	0.500	0.670	0.836
9	0.466	0.620	0.769
10	0.437	0.580	0.715
11	0.414	0.546	0.672
12	0.393	0.518	0.635
13	0.376	0.494	0.604
14	0.361	0.473	0.577

n	α		
	0.10	0.05	0.025
15	0.347	0.455	0.554
16	0.355	0.438	0.533
17	0.324	0.423	0.514
18	0.314	0.410	0.497
19	0.310	0.398	0.482
20	0.297	0.387	0.468
21	0.289	0.376	0.455
22	0.282	0.367	0.443
23	0.275	0.358	0.432
24	0.269	0.350	0.422
25	0.264	0.342	0.413
26	0.258	0.335	0.404
27	0.253	0.328	0.396
28	0.248	0.322	0.388
29	0.244	0.316	0.380
30	0.239	0.310	0.373

土工试验中,对不同应力条件下测得的某个指标值(如抗剪强度等)应经过综合整理求取,并可按下列方法进行:

①图解法。对不同应力条件下测得的指标值(如摩擦角系数和黏聚力压缩系数等),求得算术平均值,然后以不同应力为横坐标、平均值为纵坐标指标作图,求得两者的关系曲线,确定其参数。

②最小二乘法。根据各测定值与关系曲线偏差的平方和最小的原理求取参数值。

1.4.4 试验数据的有效位数

试验数据的有效位数可参照表 1-14 选取。数值修约应符合现行国家标准《数值修约规则与极限数值的表示和判定》(GB/T 8170—2008)的规定。

表 1-14　试验数据的有效位数

指标类型	单位	精度要求	举例
密度 ρ	g/cm^3	两位小数	1.85
含水率 ω	%	一位小数	35.1
土粒比重 G_s		三位小数	2.742
孔隙比 e		三位小数	0.697
相对密实度 D_r		两位小数	0.45
饱和度 S_r	%	整数	85
液限 ω_L	%	一位小数	36.7
塑限 ω_p	%	一位小数	21.2
塑性指数 I_p		一位小数	12.3
液性指数 I_L	%	两位小数	66.65
渗透系数 k	cm/s	一位小数	7.5×10^{-6}
压缩系数 a_v	MPa^{-1}	两位小数	0.43
压缩模量 E_s	MPa	一位小数	4.8
内摩擦角 φ	(°)	一位小数	27.5
黏聚力 c	kPa	两位小数	35.35
粒径组成百分数	%	一位小数	75.1
不均匀系数 C_u		两位小数	2.85
曲率系数 C_c		两位小数	1.47

第 2 章　密度试验

　　土是由土颗粒、水和气三相组成的。表示三相组成比例关系的指标称为土的三相比例指标,主要有密度、含水率、土粒比重、孔隙比、孔隙率、饱和度、土的饱和容重、浮容重及干容重等。其中,密度、含水率和土粒比重 3 个指标可通过试验直接测得,称为土的 3 个基本指标;其余指标是根据这 3 个指标计算出来的,称为换算指标。

　　土的密度是指单位体积土的质量。它是土的基本物理指标之一,是计算土的自重应力、干密度、孔隙比、孔隙率、饱和度等指标的重要依据,也是挡土墙压力计算、土坡稳定性验算、地基承载力和沉降量估算以及路基路面施工填土压实度控制的重要指标之一。

　　密度试验对容易成型的黏性土采用环刀法,对土样易碎裂、难以切削的试件可用蜡封法,对无机结合料稳定细粒土和硬塑土采用电动取土器法,对现场测定的粗粒土和巨粒土采用灌水法,对现场测定的细粒土、砂类土和砾类土采用灌砂法。

第 1 节　环刀法

2.1.1　适用范围

　　环刀法适用于容易成型的黏性土,环刀的体积就是试件的体积。

2.1.2　仪器设备

　　(1)切土环刀:内径为 61.8 mm 和 79.8 mm,高度为 20 mm。

　　(2)天平:称量为 500 g,感量为 0.01 g。

　　(3)其他:切土刀、钢丝锯、凡士林等。

2.1.3　操作步骤

　　(1)按工程需要,取原状土或制备所需状态的扰动土样。整平其两端,将环刀内壁涂一薄层凡士林,刃口向下放在土样上。

　　(2)用切土刀或钢丝锯将土样削成直径略大于环刀直径的土柱,然后将环刀垂直下压,边压边削,至土样伸出环刀。

　　(3)将两端余土削去修平,取剩余的代表性土样测定其含水率。

　　(4)擦净环刀外壁,称量,结果精确至 0.1 g。

2.1.4　结果整理

　　试件的湿密度按式(2-1)计算:

$$\rho = \frac{m}{V} \tag{2-1}$$

式中　ρ——试样的湿密度,g/cm^3,精确至 0.01 g/cm^3;

　　　V——环刀容积,cm^3;

　　　m——湿土质量,g。

　　试样的干密度按式(2-2)计算:

$$\rho_d = \frac{\rho}{1 + 0.01\omega} \tag{2-2}$$

式中　ρ——试样的湿密度,g/cm^3,精确至 0.01 g/cm^3;

　　　ρ_d——试样的干密度,g/cm;

　　　ω——含水率,(%)。

　　本试验需进行两次平行测定,其平行差值不得大于 0.03 g/cm^3,取其算术平均值。

　　天然土的密度一般为 1.6~2.2 g/cm^3,当含水率和有机质含量比较高时,其密度较小,一般小于 1.5 g/cm^3,为 1.04~1.3 g/cm^3。

2.1.5　试验记录

　　密度试验记录格式如表 2-1 所示。

表 2-1　密度试验记录(环刀法)格式

工程名称:　　　　　　　　　　　　试验者:

工程编号:　　　　　　　　　　　　计算者:

试验日期　　　　　　　　　　　　　校核者

试样编号	环刀号	环刀质量/g	土+环刀质量/g	试样体积/cm³	湿密度/(g/cm³)

2.1.6　注意事项

　　(1)按土质均匀程度及土样最大颗粒尺寸选择不同容积的环刀。在室内进行密度试验时,考虑与剪切、固结等项试验所用环刀相配合,一般选用内径为 61.8 mm、高 20 mm,即容积为 60 cm³ 的环刀。施工现场检查填土压实密度时,环刀容积可为 200~500 cm³。

　　(2)环刀直径与高度之比对试验结果有影响,环刀高度越大,土与环刀内壁的摩擦就越大,同时增大取样的难度。为此,要控制径高比,根据国内外的资料,室内试验一般采用的径高比为 2.5~3.5。

　　(3)环刀壁越厚,压入时土样扰动程度越大,所以环刀壁越薄越好。但环刀压入土中时,会受到一定的压力,若刀壁过薄,则环刀容易变形和损坏,故一般刀壁厚度取 2 mm 左右,刃口厚度为 0.3 mm。

(4)用环刀切土时要防止试样扰动,所以应先将土件切成一个直径较环刀内径略大的土柱,然后将环刀垂直下压。为避免环刀下压时挤压四周土样,应边压边削,直到土样伸出环刀,再将两端修平。

(5)试验过程中为减少环刀在切削试样时对土样产生扰动,必须在环刀内壁涂上一薄层凡士林。

(6)在试样切削和两端余土削平过程中,不能对试样施加压力,应保持试样本身的状态,从而保证测试数据的准确性。

第 2 节　蜡封法

2.2.1　适用范围

蜡封法适用于易破裂的土和形状不规则的坚硬土。

2.2.2　仪器设备

(1)蜡封设备:烧杯、细线、针、熔蜡加热器等。
(2)天平:称量为 500 g,感量为 0.1 g。

2.2.3　操作步骤

(1)从原状土样中切取体积不小于 30 cm^3 的代表性试样,清除表面浮土及尖锐棱角,系上细线,称量试样质量 m_0,精确至 0.01 g。

(2)持线将试样缓缓浸入刚过熔点的蜡液中,浸没后立即提出。检查试样周围的蜡膜,当有气泡时应用针刺破,再用蜡液补平。

(3)冷却后,称量蜡封试样质量 m_n。

(4)将蜡封试样挂在天平的一端,浸没于盛有纯水的烧杯中,称量蜡封试样在纯水中的质量 m_{nw},并测定纯水的温度。

(5)取出试样,擦干蜡面上的水分,再称量蜡封试样质量。当浸水后试样质量增加时,应另取试样重做试验。

2.2.4　结果整理

试样的湿密度应按式(2-3)计算:

$$\rho = \frac{m_0}{\dfrac{m_n - m_{nw}}{\rho_{wT}} - \dfrac{m_n - m_0}{\rho_n}} \tag{2-3}$$

式中　ρ——试样的湿密度,g/cm^3;

　　　m_0——试样质量,g;

　　　m_n——蜡封试样质量,g;

m_{nw}——蜡封试样在纯水中的质量,g;

ρ_{wT}——纯水在温度为 T 时的密度,g/cm³;

ρ_n——蜡的密度,g/cm³,一般为 0.92 g/cm³。

蜡封法测定密度同样要进行平行试验,其误差与环刀法相同。

2.2.5 试验记录

密度试验记录(蜡封法)格式见表 2-2。

表 2-2 密度试验记录(蜡封法)格式

工程名称: 试验者:

工程编号: 计算者:

试验日期: 校核者:

试样编号	试样质量/g	蜡封试样质量/g	蜡封试样在纯水中质量/g	温度/℃	纯水温度在 T 时的密度/(g/cm³)	蜡封试样体积/cm³	蜡体积/cm³	试样体积/cm³	湿密度/(g/cm³)	含水率/%	干密度/(g/cm³)	平均干密度/(g/cm³)

2.2.6 注意事项

(1)关于蜡的温度规定:刚过熔点,以蜡液达到熔点后不出现气泡为准。蜡液温度过高,对试样的含水率和结构都会造成一定的影响;而温度过低,蜡熔化不均匀,不易封好蜡皮。蜡封时为避免土样的扰动和有气泡封闭在试样与蜡之间,需缓慢地将试样浸入蜡中。

(2)水的密度随温度的变化而变化,故试验中应测定水温,其目的是消除因水的密度变化而产生的影响。

第 3 节 灌砂法

2.3.1 适用范围

灌砂法适用于现场测定细粒土、砂类土和砾类土的密度。试样的最大粒径一般不得超过 15 mm,测定密度层的厚度为 150~200 mm。

2.3.2 仪器设备

(1)灌砂筒:金属圆筒(可用白铁皮制作)的内径为 150 mm,总高 360 mm。灌砂筒主要分两部分:上部为储砂筒,筒深 270 mm(容积约 2 120 cm³),筒底中心有一个直径为 15 mm

的圆孔;下部装一倒置的圆锥形漏斗,漏斗上端开口直径为 15 mm,并焊接在一块直径为 100 mm 的铁板上,铁板中心有一个直径为 15 mm 的圆孔与漏斗上端开口相接。在储砂筒筒底与漏斗顶端铁板之间设有开关。开关为一薄铁板,一端与筒底及漏斗铁板铰接在一起,另一端伸出筒身外,开关铁板上也有一个直径为 10 mm 的圆孔。将开关向左移动时,开关铁板上的圆孔恰好与筒底圆孔及漏斗上端开口相对,即 3 个圆孔在平面上重叠在一起,砂就可通过圆孔自由落下;将开关向右移动时,开关将筒底圆孔堵塞,砂即停止下落。

灌砂筒的形式和主要尺寸如图 2-1 所示。

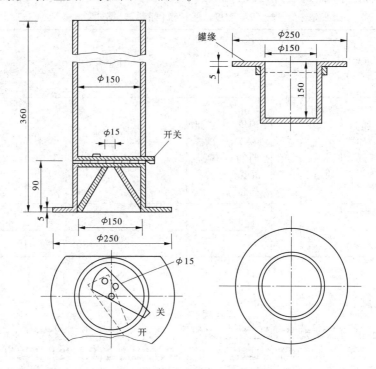

图 2-1　灌砂筒和标准　(单位:mm)

(2)金属标定罐:内径为 100 mm,高 150 mm 和 200 mm 的金属罐各一个,上端周围有一罐缘。因某种原因,当试洞深度不为 150 mm 或 200 mm 时,标定罐的高度应该与拟挖试坑深度相同。

(3)基板:边长为 350 mm、深 400 mm 的金属方盘,盘中心有一个直径为 100 mm 的圆孔。

(4)打洞及从洞中取料的合适工具:凿子、铁锤、长把勺、长把小簸箕、毛刷等。

(5)玻璃板:边长约为 500 mm 的方形板。

(6)饭盒(存放挖出的试样)若干。

(7)台秤:称量为 10 ~ 15 kg,感量为 5 g。

(8)其他:铝盒、天平、烘箱等。

(9)量砂:粒径为 0.25 ~ 0.5 mm、清洁干燥的均匀砂,取 20 ~ 40 kg。砂应先烘干,并放置足够长的时间,使其温度与空气的湿度达到平衡。

2.3.3　仪器标定

2.3.3.1　确定灌砂筒下部圆锥体内砂的质量

（1）在储砂筒内装满砂。筒内砂的高度与筒顶的距离不超过 15 mm。称量筒内砂的质量 m_1，精确至 1 g。每次标定且其后的试验都维持这个质量不变。

（2）将开关打开，让砂流出，并使流出砂的体积与工地所挖试洞的体积相当（或等于标定罐的容积）。然后关上开关，并称量筒内砂的质量 m_2 精确至 1 g。

（3）将灌砂筒放在玻璃板上。打开开关，让砂流出，筒内砂不再向下流时，关上开关，并小心地取走灌砂筒。

（4）收集并称量留在玻璃板上的砂或称量筒内的砂，精确至 1 g。玻璃板上的砂就是填满灌砂筒下部圆锥体的砂。

（5）重复上述测量至少 3 次，最后取其平均值 m_3，精确至 1 g。

2.3.3.2　确定量砂的密度

（1）用水确定标定罐的容积 V，方法如下。

①将空罐放在台秤上，使罐的上口处于水平位置。读记罐的质量 m_7，精确至 1 g。

②向标定罐中灌水，注意不要将水弄到台秤上或罐的外壁。将直尺放在罐顶，当罐中水面快要接近直尺时，用滴管往罐中加水，直到水面接触直尺。移去直尺，读记罐和水的总质量 m_8。

③重复测量时，仅需用吸管从罐中取出少量水，并用滴管重新将水加满至接触直尺。

④标定罐的体积 V 按式（2-4）计算：

$$V = \frac{m_8 - m_7}{\rho_w} \tag{2-4}$$

式中　　V——标定罐的容积，cm^3；

　　　　m_7——标定罐的质量，g；

　　　　m_8——标定罐和水的总质量，g；

　　　　ρ_w——水的密度，g/cm^3。

（2）在储砂筒中装入质量为 m_1 的砂，并将灌砂筒放在标定罐上，打开开关，让砂流出，储砂筒内的砂不再下流时，关闭开关。取下灌砂筒，称量筒内剩余砂的质量，精确至 1 g。

（3）重复上述测量至少 3 次，最后取其平均值 m_3，精确至 1 g。

（4）按式（2-5）计算填满标定罐所需砂的质量：

$$m_a = m_1 - m_2 - m_3 \tag{2-5}$$

式中　　m_a——砂的质量，g，精确至 1 g；

　　　　m_1——灌砂入标定罐前，筒内砂的质量，g；

　　　　m_2——灌砂筒下部圆锥体内砂的平均质量，g；

　　　　m_3——灌砂入标定罐后，筒内剩余砂的质量，g。

（5）按式（2-6）计算量砂的密度：

$$\rho_s = \frac{m_a}{V} \tag{2-6}$$

式中　ρ_s——砂的密度，g/cm^3，精确至 $0.01\ g/cm^3$；

　　　V——标定罐的体积，cm^3；

　　　m_a——砂的质量，g。

2.3.4　试验步骤

（1）在试验地点选一块尺寸约 40 cm×40 cm 的平坦表面，并将其清扫干净。将基板放在此平坦表面上，若此表面的粗糙度较大，则将盛有量砂 m_5 的灌砂筒放在基板中间的圆孔上；打开灌砂筒开关，让砂流入基板的中孔内，储砂筒内的砂不再向下流时，关闭开关。取下灌砂筒，并称量筒内砂的质量 m_6，精确至 1 g。

（2）取走基板，将留在试验地点的量砂回收，重新将表面清扫干净。将基板放在清扫干净的表面上，沿基板中孔凿洞，洞的直径为 100 mm。在凿洞过程中，应注意不使凿出的试样丢失，并随时将凿松的材料取出，放在已知质量的塑料袋内密封。试洞的深度应等于碾压层厚度。凿洞完毕后，称量此塑料袋及其中全部试样质量，精确至 1 g，减去已知塑料袋质量后，即为试样的总质量 m_t。

（3）从挖出的全部试样中取有代表性的样品放入铝盒中，测定其含水率 ω。样品数量：对于细粒土，不少于 100 g；对于粗粒土，不少于 500 g。

（4）将基板安放在试洞上，将灌砂筒安放在基板中间（储砂筒内放满砂至恒量 m_1），使灌砂筒的下口对准基板的中孔及试洞。打开灌砂筒开关，让砂流入试洞内，储砂筒内的砂不再向下流时，关闭开关。取走灌砂筒，称量筒内剩余砂的质量 m_4，精确至 1 g。

（5）若清扫干净的平坦表面的粗糙度不大，则不需放基板，将灌砂筒直接放在已挖好的试洞上即可。打开筒的开关，让砂流入试洞内。在此期间，应注意勿碰动灌砂筒。储砂筒内的砂不再向下流时，关闭开关。取走灌砂筒，称量筒内剩余砂的质量 m_4，精确至 1 g。

（6）取出试洞内的量砂，以备下次试验时再用。若量砂的湿度已发生变化或量砂中混有杂质，则应重新烘干、过筛，并放置一段时间，使其湿度与空气的湿度达到平衡后再用。

（7）当试洞中有较大孔隙，量砂可能进入孔隙时，应按试洞外形，松弛地放入一层柔软的纱布，然后进行灌砂工作。

2.3.5　结果整理

2.3.5.1　**计算填满试洞所需砂的质量**

（1）灌砂时试洞上放基板的情况：

$$m_b = m_1 - m_4 - (m_5 - m_6) \tag{2-7}$$

式中　m_b——填满试洞所需砂的质量，g；

　　　m_1——灌砂入试洞前，灌砂筒内砂的质量，g；

　　　m_4——灌砂入试洞后，筒内剩余砂的质量（放基板），g；

　　　$m_5 - m_6$——灌砂筒下部圆锥体内及基板和粗糙表面间砂的总质量，g。

（2）灌砂时试洞上不放基板的情况：

$$m_b = m_1 - m'_4 - m_2 \tag{2-8}$$

式中　m_b——填满试洞所需砂的质量,g;

　　　m_1——灌砂入试洞前,灌砂筒内砂的质量,g;

　　　m_2——灌砂筒下部圆锥体内砂的平均质量,g;

　　　m'_4——灌砂入试洞后,筒内剩余砂的质量(不放基板),g。

2.3.5.2　计算试验地点土的湿密度

$$\rho = \frac{m_t}{m_b} \times \rho_s \qquad\qquad (2\text{-}9)$$

式中　ρ——土的湿密度,g/cm³,精确至 0.01 g/cm³;

　　　m_t——试洞中取出的全部土样的质量,g;

　　　m_b——填满试洞所需砂的质量,g;

　　　ρ_s——量砂的密度,g/cm³。

2.3.5.3　计算土的干密度

$$\rho_d = \frac{\rho}{1 + 0.01\omega} \qquad\qquad (2\text{-}10)$$

式中　ρ_d——土的干密度,g/cm³;

　　　ρ——土的湿密度,g/cm³;

　　　ω——土的含水率(%)。

2.3.6　试验记录

密度试验的记录(灌砂法)格式如表 2-3 所示。

表 2-3　密度试验记录(灌砂法)格式

取样桩号	取样位置	灌砂后灌砂筒内剩余砂的质量 m_4/g	试洞中湿土样的质量 m_t/g	试洞内砂的质量 m_b/g	试坑体积/cm³	湿密度/(g/cm³)	含水率测定							干密度	压实度/%
							盒号	盒+湿土质量/g	盒+干土质量/g	盒质量/g	干土质量/g	水质量/g	含水率/%	平均含水率/%		

2.3.7　注意事项

（1）试洞尺寸必须与试样粒径相配合，使所取的试样有足够的代表性。为此，《公路土工试验规程》（JTG 3430—2020）规定了与试样最大粒径相对应的试坑尺寸，见表2-4。

表2-4　试坑尺寸　　　　　　　　　　　　单位：mm

试样最大粒径	试坑尺寸	
	直径	深度
5~20	150	200
40	200	250
60	250	300

（2）灌砂法适用于砂、砾的密度测定，在开挖试坑时，周围的砂粒容易移动，使试坑体积减小，测得的密度偏高，操作时应特别小心。试坑内已松动的颗粒应全部取出。

（3）用灌砂法测量试洞的容积时，其精度受下列因素的影响：

①标定罐的深度对砂的密度有影响。标定罐的深度减小2.5 cm，砂的密度约降低1%。储砂筒中砂面的高度对砂的密度有影响。储砂筒中砂面的高度降低5 cm，砂的密度降低约1%。因此，现场测量时，储砂筒中的砂面高度应与标定砂的密度时储砂筒中的砂面高度一致。

②砂的颗粒组成对试验的重现性有影响。粒径为0.3~0.6 mm的砂的重现性最好。

③使用的砂应清洁干燥，否则砂的密度会有明显变化。

第 3 章　含水率试验

土的含水率是指试样在 105~110 ℃下烘到恒重时所失去的水分质量和达到恒量后干土质量的比值,以百分数表示。土的含水率是土的基本物理性指标之一,它反映土的干、湿状态。它的变化将使土的一系列力学性质发生很大变化,又是计算干密度、孔隙比、饱和度等项指标的依据。因此,无论对天然状态的土、重塑的土,还是对某种试验条件下的土,土的含水率试验均是必需的试验项目。

测定含水率的方法多种多样,室内试验以烘干法为标准方法;如野外无烘箱设备或要求快速测定含水率,可依据土的性质和工程情况分别采用酒精燃烧法、比重法等。

烘干法适用于有机质含量不超过干质量 5% 的土,当土中有机质超过 5% 时,规定烘干温度为 65~70 ℃,因为在 105~110 ℃下,经过长时间烘干后,有机质特别是腐殖酸会在烘干过程中逐渐分解而不断损失,使测得的含水率比实际含水率大。土中有机质含量越高,含水率误差就越大。

第 1 节　烘干法

3.1.1　适用范围

烘干法适用于黏质土、粉质土、砂类土、砂砾石、有机质土和冻土土类。

3.1.2　仪器设备

(1)烘箱:可采用电热烘箱或温度能保持在 105~110 ℃的其他能源烘箱。

(2)天平:称量为 200 g,感量为 0.01 g。

(3)其他:干燥器、称量盒。

3.1.3　操作步骤

(1)取代表性试样 15~30 g,放入称量盒内,立即盖好盒盖称量。

(2)打开盒盖,将试样和盒放入烘箱,在 105~110 ℃下烘至恒重。烘干时间为:黏质土不少于 8 h,砂类土不少于 6 h。对含有机质超过 5% 的土,应将温度控制在 65~70 ℃的恒温下烘至恒量。

(3)将烘干后的试样和盒取出,盖好盒盖,放入干燥器内冷却至室温,称量干土质量。

(4)本试验称量结果应精确至 0.01 g。

3.1.4　结果整理

3.1.4.1　计算

按式(3-1)计算含水率：

$$\omega = \frac{m - m_s}{m_s} \times 100\% \qquad (3-1)$$

式中　ω ——含水率,精确至 0.1%；

　　　m ——湿土质量,g；

　　　m_s ——干土质量,g。

3.1.4.2　允许平行差值

本试验需进行两次平行测定,取其结果的算术平均值,允许平行差值应符合表 3-1 的规定。

表 3-1　含水率测定的允许平行差值　　　　　　　　　　　　　　%

含水率	允许平行差值	含水率	允许平行差值
5 以下	0.3	40 以上	≤2
40 以下	<1	层状和网状构造的冻土	<3

3.1.5　试验记录

含水率试验记录格式如表 3-2 所示。

表 3-2　含水率试验记录格式

工程名称：　　　　　　　　　　　　　　　　　　试验者：

工程编号：　　　　　　　　　　　　　　　　　　计算者：

试验日期：　　　　　　　　　　　　　　　　　　校核者：

盒号	盒质量/g	盒+湿土质量/g	盒+干土质量/g	水分质量/g	干土质量/g	含水率/%	平均含水率/%

第 2 节　酒精燃烧法

3.2.1　适用范围

酒精燃烧法适用于快速、简易测定细粒土(含有机质的土除外)的含水率。

3.2.2 仪器设备

(1)称量盒(定期校正为恒值)。

(2)天平:称量为 200 g,感量为 0.01 g。

(3)酒精:纯度为 95%。

(4)其他:滴管、火柴(打火机)、调土刀等。

3.2.3 操作步骤

(1)取适量代表性试样(黏性土 5~10 g,砂类土 20~30 g),放入称量盒内。

(2)按烘干法规定称量湿土质量。

(3)用滴管将酒精注入放有试样的称量盒中,直至盒中出现自由液面。为使酒精在试样中充分混合均匀,可将盒底在桌面上轻轻敲击。

(4)点燃盒中酒精,烧至火焰熄灭。

(5)将试样冷却数分钟,按步骤(3)、(4)规定再重复燃烧 2 次。当第 3 次火焰熄灭后,立即盖好盒盖称量干土质量。

3.2.4 结果整理

本试验称量结果应精确至 0.01 g。

3.2.4.1 **计算**

含水率计算公式同烘干法。

3.2.4.2 **允许平行差值**

本试验需进行两次平行测定,取其算术平均值,允许平行差值应符合表 3-1 的规定。

3.2.5 试验记录

试验记录格式同表 3-2。

第 3 节 含水率试验中应注意的问题

目前,含水率试验常用的方法有酒精燃烧法、比重法、烘干法、炒干法,但以上几种方法中一般以烘干法作为室内试验的标准方法。含水率试验应注意的问题有以下几点。

3.3.1 代表性试样的选取

进行含水率试验时,常因各种因素影响试验成果,如土层不均匀、试样数量过少、扰动土样(如风干土)拌和不均匀、钻探取样时取土器和筒壁的挤压、土样在运输和存放期间保护不当等。这些影响因素中,有的属于土样客观存在的因素,有的属于人为造成的因素。钻探取土和运输中造成的影响可以通过发展野外现场实测方法加以解决,如采用核射线法测定含水率。土层不均匀是土体本身的客观情况,为此选取测定含水率的试样,应根据试验目的和要求而定。若为了解全土层综合而概略的天然含水率,可沿土层剖面竖向切取土样,拌和均匀,测定其含水率;如果为配合压缩试验、抗剪强度试验、渗透试验,应在切取试样环刀的上、下两面选取土样,这样测得的含水率结果可能因土样层次不均匀而有所差异,但有助于了解土层的真实情况和对试验成果的分析。

3.3.2　代表性试样数量

采用烘干法时,因黏质土中水主要以结合水形式存在,一般规定取样 15~30 g;因砂质土或砾质土中水主要以重力水形式存在,所以取样数量应多一些;有机质土、砂类土、整体状构造冻土取样数量为 50 g。酒精燃烧法实测含水率主要用于施工质量监控,为了保证酒精的用量不宜过大,一般黏质土取样质量为 5~10 g。

3.3.3　烘干温度控制

国家标准中规定实测含水率时的烘干温度采用 105~110 ℃,这取决于土的水理性质。黏性土中的水一般分为强结合水、弱结合水和自由水 3 种。为不使强结合水不断析出及有机质不断损失,保证测得的结果稳定,烘干温度不宜过高。酒精燃烧法的温度不符合 105~110 ℃ 的要求,但酒精在倒入试样燃烧开始时即气化,酒精的气体部分构成火焰的焰心,火焰与土样间一般保持 2~3 cm 的距离,实际上土样受到的温度仅为 70~80 ℃,待火焰即将熄灭的几秒钟内才与土面接触,致使土样的温度上升到 200~220 ℃。由于高温燃烧时间较短,土样基本受到的是适宜的温度,根据经验测得的含水率与烘干法的误差不大。

3.3.4　烘干时间控制

烘干时间与土的类别及取土数量有关。黏性土取 15~30 g,烘干时间不少于 8 h,这是根据多年比较试验而确定的。砂性土不少于 6 h,由于砂性土持水性差,水含量易于变化。试样应先冷却后再称量,一是避免因天平受热不均匀影响称量精度,二是防止热土吸收空气中的水分。为此,试样应放在装有干燥剂的缸内冷却,缸口涂以凡士林与外界空气隔绝,试样在干燥缸内冷却至室温再称量。

3.3.5　关于有机质土含水率的测定

在 105~110 ℃ 恒温下长期烘焙,有的有机质特别是腐殖酸在烘焙过程中逐渐分解而不断地减轻其质量,使测得的含水率比实际的含水率大;有的有机质(如有机碳)在烘焙过程中其质量因氧化而增加,使测得的含水率比实际的含水率小。因此,《土工试验方法标准》(GB/T 50123—2019)规定有机质含量超过 10% 的土,烘干温度采用 65~70 ℃。

第4章 土粒比重试验

　　土粒比重是指土在100~105 ℃下烘至恒重时的质量与同体积4 ℃纯水质量的比值，是土的基本物理指标之一。土粒比重的测定方法主要有比重瓶法、浮称法和虹吸管法。粒径小于或等于5 mm的土，采用比重瓶法测定颗粒比重；粒径大于或等于5 mm的土，其中所含粒径大于或等于20 mm的颗粒少于10%时，用浮称法测定，所含粒径大于20 mm的颗粒不少于10%时，用虹吸管法。测定粗、细粒土混合料的比重时，分别测定粗、细粒土的比重，然后取其加权平均值作为混合料的比重。比重瓶法是将干土粒放入比重瓶中，加入蒸馏水，通过加热煮沸除气测定土粒排开水的体积，从而得到土粒比重。当土中含有较多的水溶盐、亲水性胶体，特别是含有有机质时，测得土粒排开水的体积偏小，所得的土粒比重偏大，此时应以煤油、苯等中性液体替换蒸馏水。

　　土粒比重一般为2.67~2.75。砂土的土粒比重约为2.65；黏性土的土粒比重变化范围较大，一般为2.65~2.75。当土中含铁、锰矿物较多时，土粒比重较大。如果土中含有较多的有机质，则土粒比重偏小，可能会低于2.4。

第1节 比重瓶法

4.1.1 适用范围

　　比重瓶法适用于粒径小于5 mm的土。

4.1.2 仪器设备

　　(1)比重瓶：容积为100 mL或50 mL，分长颈和短颈两种。
　　(2)恒温水槽：精确度应为±1 ℃。
　　(3)沙浴：应能调节温度。
　　(4)天平：称量为200 g，感量为0.001 g。
　　(5)温度计：刻度为0~50 ℃，感量为0.5 ℃。
　　(6)其他：烘箱、纯水、中性液体(如煤油等)及孔径2 mm和5 mm的筛、漏斗、滴管等。

4.1.3 比重瓶校准

　　(1)将比重瓶洗净、烘干，置于干燥器内，冷却后称量，精确至0.001 g。
　　(2)将经煮沸后冷却的纯水注入比重瓶。长颈比重瓶注水至刻度线处；短颈比重瓶应注满纯水，塞紧瓶塞，多余水自瓶塞毛细管中溢出。将比重瓶放入恒温水槽直至瓶内水温稳定。取出比重瓶，擦干外壁，称量瓶、水总质量，精确至0.001 g。测定恒温水槽内的水温,精确至 0.5 ℃。

(3)以 0.5 ℃的级差调节数个恒温水槽内的温度。测定不同温度下的瓶、水总质量。每个温度下均应进行两次平行测定,两次测定结果的差值不得大于 0.002 g,取两次测量结果的平均值。绘制温度与瓶、水总质量的关系曲线。

4.1.4　试验步骤

(1)将比重瓶烘干。称取烘干试样 15 g(当用 50 mL 的比重瓶时,称取烘干试样 12 g)装入比重瓶,称量试样和瓶的总质量,精确至 0.001 g。

(2)向比重瓶内注入半瓶纯水,摇动比重瓶并放在沙浴上煮沸,煮沸时间自悬液沸腾起,砂土不应少于 30 min,黏土、粉土不得少于 1 h。沸腾后应调节沙浴温度,比重瓶内悬液不得溢出。对砂土宜用真空抽气法;对含有可溶盐有机质和亲水性胶体的土必须用中性液体(煤油)代替纯水,采用真空抽气法排气,真空表读数宜接近当地一个大气负压值,抽气时间不得少于 1 h(注:用中性液体时,不能用煮沸法)。

(3)将经煮沸后冷却的纯水(或抽气后的中性液体)注入装有试样悬液的比重瓶。当用长颈比重瓶时,注纯水至刻度线处;当用短颈比重瓶时应将纯水注满,塞紧瓶塞,多余的水分自瓶塞毛细管中溢出。将比重瓶置于恒温水槽内至温度稳定,且使瓶内上部悬液澄清。取出比重瓶擦干瓶外壁,称比重瓶、水、试样总质量,精确至 0.001 g,并应测定瓶内的水温,精确至 0.5 ℃。

(4)从温度与瓶、水总质量的关系曲线中查得各试验温度下的瓶、水总质量。

4.1.5　结果整理

4.1.5.1　计算

土粒比重 G_s 计算公式为:

$$G_s = \frac{m_s}{m_1 + m_s - m_2} \times G_{wT} \tag{4-1}$$

式中 m_1——瓶、水总质量,g;

   m_s——干土质量,g;

   m_2——瓶、水、土总质量,g;

   G_{wT}——温度为 T 时纯水或中性液体的比重,精确至 0.001。

温度为 T 时水的动力黏滞系数和密度见表 4-1。

表 4-1　湿度为 T 时水的动力黏滞系数及密度

温度 T/℃	动力黏滞系数 η/ ($\times 10^{-6}$ kPa·s)	水的密度 ρ_w/ (g/cm³)	温度 T/℃	动力黏滞系数 η/ ($\times 10^{-6}$ kPa·s)	水的密度 ρ_w/ (g/cm³)	温度 T/℃	动力黏滞系数 η/ ($\times 10^{-6}$ kPa·s)	水的密度 ρ_w/ (g/cm³)
5.0	1.516	0.999 992	15.0	1.144	0.999 126	25.0	0.899	0.997 074
5.5	1.493	0.999 982	15.5	1.130	0.999 050	25.5	0.889	0.996 944

续表 4-1

温度 T/℃	动力黏滞系数 η/ ($\times 10^{-6}$kPa·s)	水的密度 ρ_w/ (g/cm³)	温度 T/℃	动力黏滞系数 η/ ($\times 10^{-6}$kPa·s)	水的密度 ρ_w/ (g/cm³)	温度 T/℃	动力黏滞系数 η/ ($\times 10^{-6}$kPa·s)	水的密度 ρ_w/ (g/cm³)
6.0	1.470	0.999 968	16.0	1.115	0.998 970	26.0	0.879	0.996 813
6.5	1.449	0.999 951	16.5	1.101	0.998 888	26.5	0.869	0.996 679
7.0	1.427	0.999 930	17.0	1.088	0.998 802	27.0	0.860	0.996 542
7.5	1.407	0.999 905	17.5	1.074	0.998 714	27.5	0.850	0.996 403
8.0	1.387	0.999 876	18.0	1.061	0.998 623	28.0	0.841	0.996 262
8.5	1.367	0.999 844	18.5	1.048	0.998 530	28.5	0.832	0.996 119
9.0	1.347	0.999 809	19.0	1.035	0.998 433	29.0	0.823	0.995 974
9.5	1.328	0.999 770	19.5	1.022	0.998 334	29.5	0.814	0.995 826
10.0	1.310	0.999 728	20.0	1.010	0.998 232	30.0	0.806	0.995 676
10.5	1.292	0.999 682	20.5	0.998	0.998 128	30.5	0.797	0.995 524
11.0	1.274	0.999 633	21.0	0.986	0.998 021	31.0	0.789	0.995 369
11.5	1.256	0.999 580	21.5	0.974	0.997 911	31.5	0.781	0.995 213
12.0	1.239	0.999 525	22.0	0.963	0.997 799	32.0	0.773	0.995 054
12.5	1.223	0.999 466	22.5	0.952	0.997 685	32.5	0.765	0.994 894
13.0	1.206	0.999 404	23.0	0.941	0.997 567	33.0	0.757	0.994 731
13.5	1.190	0.999 339	23.5	0.930	0.997 448	33.5	0.749	0.994 566
14.0	1.175	0.999 271	24.0	0.919	0.997 327	34.0	0.742	0.994 399
14.5	1.160	0.999 200	24.5	0.909	0.997 201	34.5	0.734	0.994 230

4.1.5.2　允许平行差值

本试验必须进行两次平行测定,取其结果的算术平均值,保留两位小数,其平行差值不得大于 0.02。

4.1.6　试验记录

比重瓶法试验的记录格式如表 4-2 所示。

表 4-2   比重试验记录(比重瓶法)格式

工程名称: 试验者:
工程编号: 计算者:
试验日期: 校核者:

试样编号	比重瓶号	温度/℃	液体比重	比重瓶质量/g	瓶、干土总质量/g	干土质量/g	瓶、液体质量/g	瓶、液体、土总质量/g	与干土同体积的液体质量/g	比重	平均值
		(1)	(2)	(3)	(4)	(5)=(4)-(3)	(6)	(7)	(8)=(5)+(6)-(7)	(9)=(5)/(8)×(2)	

4.1.7   注意事项

(1)装试样前,比重瓶要烘干。

(2)试样入瓶后,瓶嘴要擦干净。

(3)试样烘干后,冷却至室温,且当天必须称量。

(4)将纯水(或抽气后的中性液体)注入装有试样的比重瓶时,不要让悬液溢出。

第 2 节   浮称法

4.2.1   适用范围

浮称法适用于粒径大于或等于 5 mm 的土,且其中粒径大于或等于 20 mm 的土质量应小于总土质量的10%。

4.2.2   仪器设备

(1)金属网篮:孔径小于 5 mm,直径为 10~15 cm,高度为 10~20 cm。

(2)盛水容器:尺寸应大于铁丝筐。

(3)浮秤天平(见图4-1):称量为 1 000 g,感量为 0.001 g。

(4)其他:烘箱、温度计、孔径为 5 mm 及 20 mm 的筛等。

4.2.3   试验步骤

(1)取代表性试样 500~1 000 g(m_s),将试样表面清洗干净。

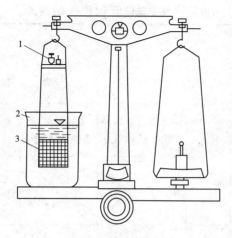

1—平衡砝码;2—盛水容器;3—盛粗粒土的金属网篮。

图 4-1　浮秤天平

(2)称量烧杯和杯中水的质量 m_1,将金属网篮缓缓浸没于水中,再称烧杯、杯中水和悬没于水中的金属网篮的总质量,并立即测量容器内水的温度,准确至 0.5 ℃。计算出悬没于水中的金属网篮的浮力质量 m_2。

(3)将试样浸入水中一昼夜后取出,立即放入金属网篮,缓慢地将金属网篮浸没于水中,并在水中摇动,至试样中无气泡逸出。

(4)称烧杯、杯中水和悬没于水中的金属网篮及试样的总质量 m_3,并立即测量盛水容器内水的温度,准确至 0.5 ℃。

(5)取出试样烘干,称量。

4.2.4　结果整理

4.2.4.1　**计算**

$$G_s = \frac{m_s}{m_3 - m_2 - m_1} \times G_{wT} \tag{4-2}$$

式中　m_s——干土质量,g;

　　　m_1——烧杯和杯中水的质量,g;

　　　m_2——浸没于水中的金属网篮的浮力质量,g;

　　　m_3——烧杯、杯中水和浸没于水中的金属网篮及试样的总质量,g;

　　　G_{wT}——温度为 T 时纯水的比重,精确至 0.001。

4.2.4.2　**平行允许差值**

本试验必须进行两次平行测定,取其结果的算术平均值,保留两位小数,其平行差值不得大于 0.02。

4.2.5　试验记录

浮称法试验的记录格式如表 4-3 所示。

表 4-3　比重试验记录(浮称法)格式

工程名称：　　　　　　　　　　　　　　　试验者：
工程编号：　　　　　　　　　　　　　　　计算者：
试验日期：　　　　　　　　　　　　　　　校核者：

试样编号	金属网篮号	温度/℃	水的比重(查表)	干土质量/g	金属网篮加试样在水中的质量/g	金属网篮在水中的质量/g	试样在水中的质量/g	比重	平均值
		(1)	(2)	(3)	(4)	(5)	(6)=(4)-(5)	$(7)=\dfrac{(3)+(4)}{(3)-(6)}$	

第 5 章　颗粒分析试验

第 1 节　概　述

自然界中土的固体颗粒是大小混杂的。为了确定土的粒径组成,需要把大小相近的颗粒归入同一粒组。粒组的大小通常用粒径表示。土粒通常分为 6 大粒组:漂(块)石、卵(碎)石、圆(角)砾、砂粒、粉粒、黏粒。土的粒径组成是指土中不同大小颗粒的相对含量,也称土的颗粒级配。土的粒径组成是决定土的物理性质的基本要素。

对土的粒径组成的测定称为粒径分析或颗粒分析。颗粒分析是测定干土中各粒组占该土总质量的百分数的方法,用以说明颗粒大小的分配情形,供土的分类及概略判断土的工程性质及建材选料之用。按照土的颗粒大小及级配情况,颗粒分析的方法可分为筛析法和沉淀法两种。筛析法适用于粒径小于或等于 60 mm 且大于或等于 0.075 mm 的土,而沉淀法适用于粒径小于 0.075 mm 的细粒土。用密度计(比重计)测定细颗粒粒径组成的沉淀法称为密度计法,用移液管测定细颗粒粒径组成的沉淀法称为移液管法。当粒径大于 0.075 mm 的颗粒超过试样总质量的 15% 时,应先进行筛析试验,然后经过洗筛,再用移液管法或密度计法进行试验,本章重点介绍筛析法。

土的粒径组成情况常用粒径分布曲线表示。以小于(大于)某粒径的土的质量占试样总质量的百分比为纵坐标,土粒直径为横坐标,将数据点在半对数坐标系上标出并连成曲线,见图 5-1。

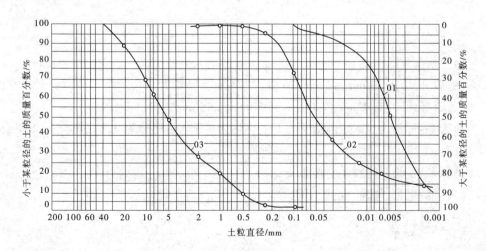

图 5-1　粒径分布曲线

　　根据粒径分布曲线可以定性描述颗粒级配情况:曲线较陡,表明颗粒较均匀,粒径变化范围不大;曲线较平缓,表明颗粒不均匀,粒径变化范围大;曲线上出现直线段,表明缺失该段范围粒径的颗粒。为了定量描述颗粒的级配情况,工程上常用不均匀系数 C_u 和曲率系数 C_c 来定量评价土的颗粒级配情况。

$$C_u = \frac{d_{60}}{d_{10}} \tag{5-1}$$

$$C_c = \frac{d_{30}^2}{d_{10}d_{60}} \tag{5-2}$$

式中　d_{60}、d_{30}、d_{10}——粒径分布曲线上点的纵坐标等于 60%、30%、10% 时所对应的粒径。

　　不均匀系数越大,曲线越平缓,粒径分布越不均匀。曲率系数反映曲线的弯曲形状,表示中间粒径和较小粒径相对含量的组合情况。

　　$C_u \geq 5$ 且 $C_c = 1 \sim 3$,表明该土的粒径分布范围广,粒径不均匀,级配良好,易被压实,是较好的工程填料;$C_u < 5$,表明粒径分布均匀,颗粒大小差别不大;$C_c < 1$,表明中间粒径的土偏少,较小粒径的土偏多;$C_c > 3$,表明中间粒径的土偏多,较小粒径的土偏少。后 3 种情况都属于级配不良。

第 2 节　筛析法

5.2.1　适用范围

　　筛析法适用于分析粒径大于或等于 0.075 mm 的土的颗粒组成,但对于粒径大于 60 mm 的土样,本试验方法不适用。

5.2.2　仪器设备

　　(1)分析筛。
　　①粗筛:孔径为 60 mm、40 mm、20 mm、10 mm、5 mm、2 mm。
　　②细筛:孔径为 2.0 mm、1.0 mm、0.5 mm、0.25 mm、0.075 mm。
　　(2)天平:称量为 5 000 g,感量为 1 g;称量为 1 000 g,感量为 0.1 g;称量为 200 g,感量为 0.01 g。
　　(3)振筛机:筛析过程中应能上下振动。
　　(4)其他:烘箱、研钵、瓷盘、毛刷等。

5.2.3　取样数量

　　筛析法的取样数量应符合表 5-1 的规定。

表 5-1　取样数量

颗粒尺寸/mm	取样数量/g
<2	100~300
<10	300~1 000
<20	1 000~2 000
<40	2 000~4 000
<60	4 000 以上

5.2.4　试验步骤

5.2.4.1　筛析法试验步骤

（1）按表 5-1 的规定称取试样质量,精确至 0.1 g,取样数量超过 500 g 时,应精确至 1 g。

（2）将试样过孔径为 2 mm 的筛,称量筛上和筛下试样的质量。当筛下试样的质量小于试样总质量的 10% 时,不作细筛分析;当筛上试样的质量小于试样总质量的 10% 时,不作粗筛分析。

（3）取筛上的试样,倒入依次叠好的粗筛中,筛下的试样倒入依次叠好的细筛中,进行筛析。细筛宜置于振筛机上,振筛时间宜为 10~15 min。再按由上而下的顺序将各筛取下,称量各级筛上及底盘内试样的质量,应精确至 0.1 g。

（4）筛后各级筛上和筛下试样质量的总和与筛前试样总质量的差值,不得大于试样总质量的 1%。

注:根据土的性质和工程要求可适当增减不同筛径的分析筛。

5.2.4.2　含有细粒土颗粒的砂土的筛析法试验步骤

（1）按表 5-1 的规定称取代表性试样,置于盛水容器中充分搅拌,使试样中的粗、细颗粒完全分离。

（2）将容器中的试样悬液过孔径为 2 mm 的筛,取筛上的试样烘至恒重,称量烘干试样的质量,应精确到 0.1 g,并按上述步骤进行粗筛分析。取筛下的试样悬液,用带橡皮头的研杆研磨,再过孔径为 0.075 mm 的筛,并将筛上试样烘至恒重,称量烘干试样的质量,应精确至 0.1 g,然后按上述步骤进行细筛分析。

（3）当粒径小于 0.075 mm 的试样质量大于试样总质量的 10% 时,应按密度计法或移液管法测定粒径小于 0.075 mm 的颗粒组成。

5.2.5　结果整理

（1）小于某粒径的试样质量占试样总质量的百分比的计算

$$X = \frac{m_a}{m_b} \cdot d_x \tag{5-3}$$

式中　X——小于某粒径的试样质量占试样总质量的百分比(%)；

　　　m_a——小于某粒径的试样质量,g；

　　　m_b——细筛分析时为所取的试样质量,粗筛分析时为试样总质量,g；

　　　d_x——粒径小于 2 mm 的试样质量占试样总质量的百分比(%)。

(2)粒径分布曲线的绘制。

以小于(大于)某粒径的土的质量占试样总质量的百分比为纵坐标,土粒直径为横坐标,在半对数坐标系上绘制粒径分布曲线,见图5-2。

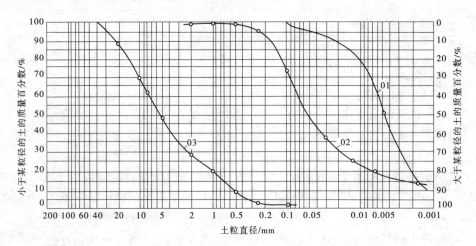

卵石或碎石	粗	中	细	粗	中	细	粉粒	黏粒
	砾			砂粒				
试样编号	粗粒土(>0.075 mm)				土的分类	细粒土(<0.075 mm)/mm		工程编号： 钻孔编号： 土样说明： 试验日期：	试验者： 计算者： 制图者： 校核者：
	>60 %	砾/%	砂/%	$C_u=\dfrac{d_{60}}{d_{10}}$	$C_u=\dfrac{d_{30}^2}{d_{10}d_{60}}$		0.005~0.075	<0.005		

图 5-2　粒径分布曲线的绘制

(3)不均匀系数和曲率系数计算。

必要时计算级配指标:不均匀系数和曲率系数,按本章第 1 节中计算公式进行计算。

5.2.6　试验记录

筛析法试验的记录格式如表5-2所示。

表 5-2　粒径分析试验记录(筛析法)格式

工程名称:	试验者:
工程编号:	计算者:
试验日期:	校核者:

筛前总土质量=　　　　　　　　　　　粒径小于 2 mm 时所取试样质量=

粒径小于 2 mm 的土质量=　　　　　　粒径小于 2 mm±质量占总土质量的百分数=

粗筛分析				细筛分析				
孔径/ mm	累积留筛 土质量/g	小于该 孔径的 土质量/g	小于该 孔径土 的质量 百分比/%	孔径/ mm	累积 留筛土 质量/g	小于该 孔径的 土质量/ g	小于该 孔径土的 质量 百分比/%	占总质量 百分比/%
				2				
60				1				
40				0.5				
20				0.25				
10				0.075				
5								
2								

5.2.7　注意事项

(1)筛析法属于机械分析法,适用于粒径小于或等于 60 mm 且大于 0.075 mm 的土。

(2)所选试样要有代表性,用四分法取样。

(3)随着筛孔径由大变小,所取试样的质量也可由大变小,但所用天平的精度也应随之提高。

第6章　界限含水率试验

第1节　概　述

黏性土在不同的含水率时呈现出不同的物理状态。黏性土的状态直接影响其力学性质。随着含水率的改变,黏性土的物理状态逐渐变化。工程上根据含水率的增加使黏性土由硬变软的过程,将其划分为坚硬、硬塑、可塑、软塑和流塑等几种基本物理状态。黏性土从一种主要状态向另一种主要状态转变时的含水率称为界限含水率。土从流塑状态转变为可塑状态的界限含水率称为塑性上限,也称为液性界限 ω_L,简称液限;土从可塑状态转变为半固体状态的界限含水率称为塑性下限,也称为塑性界限 ω_p,简称塑限;当黏性土体积减小量随着含水率的继续减小而可忽略不计时,土中主要存在强结合水,土粒间联结十分牢固,表明此时土已由坚硬状态转变为坚固状态,此时的界限含水率称为收缩界限 ω_s,简称缩限。

土的塑性指数是指液限与塑限的差值,即

$$I_p = \omega_L - \omega_p \tag{6-1}$$

式中　I_p——塑性指数,精确至0.1;

　　　ω_L——液限(%);

　　　ω_p——塑限(%)。

塑性指数常用百分率的数值表示。塑性指数表示黏性土塑性范围的大小。塑性指数越大,可塑范围越大。由于塑性指数在一定程度上综合反映了影响黏性土特征的各种重要因素,因此工程上常按塑性指数对黏性土进行分类和进行工程性质评估,见表6-1。

表6-1　粉黏土分类

土的名称	塑性指数 I_p
粉土	$I_p \leqslant 10$
粉质黏土	$10 < I_p \leqslant 17$
黏土	$I_p > 17$

随着含水率的减小,黏性土的塑性变形能力降低,强度增大。因此,工程上采用液性指数 I_L 来定量判定黏性土所处的状态。液性指数是指黏性土的天然含水率和塑限的差值与塑性指数之比,即:

$$I_L = \frac{\omega - \omega_p}{I_p} \tag{6-2}$$

式中　I_L——液性指数,精确至0.01;

ω——天然含水率(%)。

从式(6-2)可见,当天然含水率小于塑限时,I_L<0,土处于坚硬状态;当天然含水率大于液限时,I_L>1,土处于流动状态;当天然含水率在液限和塑限之间时,I_L在0~1内,土处于可塑状态。《建筑地基基础设计规范》(GB 50007—2011)根据液性指数将黏性土细分为5种软硬状态,其划分标准见表6-2。液性指数不仅可以判定黏性土的软硬状态,还可以估算地基土的承载力。

表 6-2　黏性土状态分类

液性指数	状态	液性指数	状态
$I_L \leq 0$	坚硬	$0.75 < I_L \leq 1$	软塑
$0 < I_L \leq 0.25$	硬塑	$I_L > 1$	流塑
$0.25 < I_L \leq 0.75$	可塑		

界限含水率试验要求土的颗粒粒径小于0.5 mm,且有机质含量不超过5%,宜采用天然含水率的试样,但也可采用风干试样。当试样中含有粒径大于0.5 mm的土粒或杂质时,应过孔径为0.5 mm的筛。

液、塑限联合测定法是根据圆锥仪的圆锥入土深度与其相应的含水率在双对数坐标上具有线性关系的特性来进行的。利用圆锥质量为76 g的液、塑限联合测定仪测得土在不同含水率时的圆锥入土深度,并绘制其关系直线。在图上查得圆锥下沉深度为10 mm(或17 mm)时所对应的含水率即为液限,查得圆锥下沉深度为2 mm时所对应的含水率即为塑限。

滚搓法塑限试验就是用手在毛玻璃板上滚搓土条,当土条直径达3 mm,产生裂缝并断裂时,试样的含水率即为塑限。

本试验的目的是联合测定土的液限和塑限,用于划分土类、计算天然稠度和塑性指数,供工程设计和施工使用。

第 2 节　液、塑限联合测定法

6.2.1　适用范围

本试验方法适用于粒径不大于0.5 mm、有机质含量不大于试样总质量5%的土。

6.2.2　仪器设备

(1)液、塑限联合测定仪:包括带标尺的圆锥仪、电磁铁、控制开关和试样杯。图6-1所示为光电式液、塑限联合测定仪,圆锥质量为76 g,锥角为30°;读数显示屏为光电式;试样杯内径为40~50 mm,高度为30~40 mm。

(2)天平:称量为200 g,感量为0.01 g。

(3)烘箱、干燥箱。

(4)铝制称量盒、调土刀、孔径为0.5 mm的筛、研钵、凡士林等。

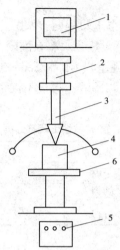

1—显示屏;2—电磁铁;3—带标尺的圆锥仪;4—试样杯;5—控制开关成升降座;6—升降座。

图 6-1　光电式液、塑限联合测定仪

6.2.3　操作步骤

(1)取有代表性的天然含水率土样或风干土样,当试样中含有粒径大于 0.5 mm 的土粒与杂物时,应碾碎并过孔径为 0.5 mm 的筛。

(2)当采用天然含水率土样时,取代表性试样 250 g;当采用风干土样时,取过孔径为 0.5 mm 的筛的代表性试样 200 g。将试样放在橡皮板上,用纯水调制成均匀膏状,放入调土皿,盖上湿布,浸润过夜。

(3)将制备好的试样用调土刀充分调拌均匀后,分层装入试样杯中,用力压密,并注意土中不能留有空隙。用试样装满试样杯后刮去余土使试样与杯口齐平,并将试样杯放在联合测定仪的升降座上。

(4)将圆锥仪擦拭干净,并在锥尖上抹一薄层凡士林,然后接通电源,使电磁铁吸住圆锥。

(5)调节零点,将屏幕上的标尺调在零位,然后转动升降旋钮,使试样杯徐徐上升。当锥尖刚好接触试样表面时,指示灯亮,立即停止转动旋钮。

(6)按动控制开关,圆锥则在自重下沉入试样。经 5 s 后,测读显示在屏幕上的圆锥下沉深度,然后取出试样,挖去锥尖入土处的凡士林,在锥体附近取 10 g 以上的土样两个,放入称量盒内,测定其含水率。

(7)将试样从试样杯中全部挖出,再加水或吹干并调匀。重复以上试验步骤,分别测定试样在不同含水率下的圆锥下沉深度。液、塑限联合测定在 3 个以上点处进行,其圆锥入土深度宜分别控制为 3~4 mm、7~9 mm 和 15~17 mm。

6.2.4　成果整理

6.2.4.1　图解法确定液限和塑限

以含水率为横坐标,以圆锥入土深度为纵坐标,在双对数坐标纸上绘制含水率与圆锥入土深度关系曲线,如图 6-2 所示。3 点应在一条直线上,如图 6-2 中 A 线所示。当 3 点不在一条直线上时,通过高含水率对应的点与其余 2 点连成 2 条直线,在圆锥下沉深度为 2 mm 处查得两个相应的含水率,当所查得的两个含水率差值小于 2% 时,应过这两个含水率平均值对应的点(仍在圆锥下沉深度为 2 mm 处)与高含水率对应的点再画一条直线作为含水率与圆锥入土深度关系曲线,如图 6-2 中 B 线所示;若两个含水率的差值大于或等于 2%,则应重做试验。

在图 6-2 上,查得圆锥下沉深度为 17 mm 时所对应的含水率为 17 mm 液限,圆锥下沉深度为 10 mm 时所对应的含水率为 10 mm 液限;查得圆锥下沉深度为 2 mm 时所对应的含水率为塑限,取值以百分数表示,精确至 0.1%。

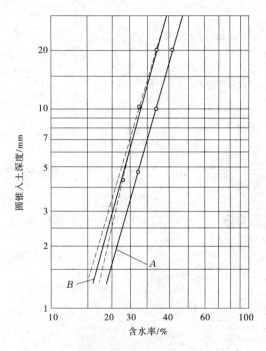

图 6-2 含水率与圆锥入土深度关系曲线

6.2.4.2　直接计算法确定液限和塑限

图解法确定液限和塑限需要专门的双对数坐标纸,且有人为的视差。为减少作图法对试验结果的影响,可采取直接计算的方法对液限和塑限进行求解。

以含水率为横坐标,以圆锥入土深度为纵坐标,在双对数坐标纸上绘制含水率与圆锥入土深度关系曲线,纵轴取 $\lg\omega$,横轴取 $\lg h$,将 3 个点的数据按从大到小的顺序进行排列,A 点为最大值点(含水率和圆锥入土深度都最大),B 点为中间点,C 点为含水率和圆锥入土深度最小值点,见图 6-3。

直线 AB 的方程为

$$\lg h - \lg\omega = \frac{\lg h_A - \lg h_B}{\lg h_A - \lg\omega_B}(\lg\omega - \lg\omega_A) \tag{6-3}$$

令 $k_{AB} = \dfrac{\lg\omega_A - \lg\omega_B}{\lg h_A - \lg h_B}$,整理得

$$\lg\omega = k_{AB}(\lg h - \lg h_A) + \lg\omega_A \qquad (6\text{-}4)$$

直线 AC 的方程为

$$\lg h - \lg h_A = \frac{\lg h_A - \lg h_C}{\lg\omega_A - \lg\omega_C}(\lg\omega - \lg\omega_A)$$

$$(6\text{-}5)$$

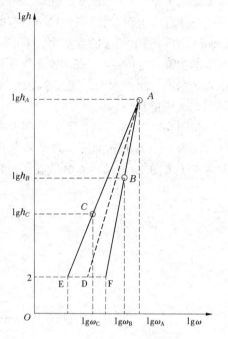

图 6-3　液、塑限计算图

令 $k_{AC} = \dfrac{\lg\omega_A - \lg\omega_C}{\lg h_A - \lg h_C}$,整理得:$\lg\omega = k_{AC}(\lg h - \lg h_A) + \lg\omega_A$

AB 线圆锥入土深度为 2 mm 时含水率表示

为: $\omega_{AB2} = 10^{k_{AB}^{(\lg 2 - \lg h_A)} + \lg\omega_A}$

AC 线圆锥入土深度为 2 mm 时含水率表示

为: $\omega_{AC2} = 10^{k_{AC}^{(\lg 2 - \lg h_A)} + \lg\omega_A}$

两直线圆锥入土深度为 2 mm 时含水率差值

用 Δw 表示,即

$$\Delta\omega = \omega_{AB2} - \omega_{AC2} = 10^{k_{AB}^{(\lg 2 - \lg h_A)} + \lg\omega_A} - 10^{k_{AC}^{(\lg 2 - \lg h_A)} + \lg\omega_A}$$

$$(6\text{-}6)$$

当 $\Delta w < 2\%$ 时,过两点含水率平均值对应的点作一条直线,得到直线 AD,其方程为:

$$\lg h - \lg h_A = \frac{\lg h_A - \lg 2}{\lg\omega_A - \lg\left(\dfrac{\omega_{AB2} + \omega_{AC2}}{2}\right)}(\lg\omega - \lg\omega_A) \qquad (6\text{-}7)$$

令 $k_{AD} = \dfrac{\lg\omega_A - \lg\left(\dfrac{\omega_{AB2} - \omega_{AC2}}{2}\right)}{\lg h_A - \lg 2}$,整理得:

$$\lg\omega = k_{AD}(\lg h - \lg h_A) + \lg\omega_A \qquad (6\text{-}8)$$

以圆锥入土深度为 17 mm 时所对应的含水率为 17 mm 液限,则

$$\omega_L = 10^{k_{AD}^{(\lg 17 - \lg h_A)} + \lg\omega_A} \qquad (6\text{-}9)$$

以圆锥入土深度为 10 mm 时所对应的含水率为 10 mm 液限,则:

$$\omega_L = 10^{k_{AD}^{(\lg 10 - \lg h_A)} + \lg\omega_A} \qquad (6\text{-}10)$$

以圆锥入土深度为 2 mm 时所对应的含水率为塑限,则:

$$\omega_p = 10^{k_{AD}^{(\lg 2 - \lg h_A)} + \lg\omega_A} \qquad (6\text{-}11)$$

有了 $\Delta\omega$ 的判别式和液、塑限的计算式,采用编程或 Excel 表格计算,液、塑限计算就会变得更加准确、方便、快捷。

6.2.4.3　允许平行差值

本试验需进行平行测定,取其结果的算术平均值,以整数(%)表示。其允许平行差

值为:高液限土小于或等于2%,低液限土小于或等于1%。

第 3 节　塑限滚搓法

6.3.1　适用范围

本试验方法适用于粒径小于0.5 mm,以及有机质含量不大于试样总质量5%的土。

6.3.2　仪器设备

(1)尺寸为 200 mm×300 mm 的毛玻璃板。
(2)感量为 0.02 mm 的卡尺或直径为 3 mm 的金属丝。
(3)天平:感量为 0.1 g。
(4)其他:烘箱、干燥器、铝制称量盒、滴管、吹风机、孔径 0.5 mm 的筛、研钵等。

6.3.3　操作步骤

(1)含水率接近塑限,可将试样在手中捏揉至不沾手,或放在空气中稍微晾干。
(2)将试样捏扁,若出现裂缝,则表示其含水率已接近塑限。
(3)取含水率接近塑限的试样 8 ~ 10 g,先用手捏成手指大小的土团(椭圆形或球形),然后放在毛玻璃板上用手掌轻轻滚搓。滚搓时应用手掌均匀施压于土条上,不得使土条在毛玻璃板上无力滚动。在任何情况下土条不得有空心现象,土条长度不宜大于手掌宽度,在滚搓时土条不得从手掌下任一边脱出。
(4)当土条直径搓至 3 mm 时,表面产生许多裂缝并开始断裂,此时试样的含水率即为塑限。若土条直径搓至 3 mm 时,仍未产生裂缝及发生断裂,表示试样的含水率高于塑限,则将其重新捏成一团,重新滚搓;如土条在直径大于 3 mm 时已开始断裂,表示试样的含水率低于塑限,应将其舍弃并重新取土加适量水调匀后再滚搓,直至合格;若土条在任何含水率下滚搓直径未达到 3 mm 即开始断裂,则认为该土无塑性。
(5)取直径为 3 mm 且有裂缝的土条 3~5 g,放入称量盒内,随即盖紧盒盖,并测定土条的含水率。

6.3.4　成果整理

6.3.4.1　计算公式

按式(6-12)计算塑限:

$$\omega_{\mathrm{p}} = \left(\frac{m_1}{m_2} - 1 \right) \times 100\% \qquad (6\text{-}12)$$

式中　ω_{p} ——塑限,精确至0.1%;

　　　m_1 ——湿土质量,g;

　　　m_2 ——干土质量,g。

6.3.4.2　允许平行差值

塑限试验需进行两次平行测定,并取其结果的算术平均值,以整数(%)表示。其允许差值为:高液限土小于或等于2%,低液限土小于或等于1%。

6.3.5　试验记录

滚搓法塑限试验记录表见表6-3。

表6-3　滚搓法塑限试验记录

工程名称:　　　　　　　　　　　　　试验者:

工程编号:　　　　　　　　　　　　　计算者:

试验日期:　　　　　　　　　　　　　校核者:

盒号		1	2
盒质量/g	(1)		
盒+湿土质量/g	(2)		
盒+干土质量/g	(3)		
水质量/g	(4)=(2)-(3)		
干土质量/g	(5)=(3)-(1)		
塑限/%	(6)=(4)/(5)		
塑限平均值/%	(7)		

第 7 章　击实试验

第 1 节　概　述

击实试验是为了确定扰动土在一定的击实功下其干密度随含水率变化的关系曲线，以求得土的最大干密度和最优含水率，了解土的压实特性，为工程设计和现场施工碾压提供土的压实性资料。土的压实程度与含水率、压实功和压实方法有密切关系。当压实功和压实方法不变时，土的干密度随含水率的增加而增加，但当干密度达到某一最大值后，含水率继续增加反而使干密度减小，则此最大值即为最大干密度，相应的含水率为最优含水率。这是因为细粒土在含水率低时，颗粒表面水膜薄、摩擦力大，不易被压实。当含水率逐渐增大时，颗粒表面水膜逐渐变厚，其水膜的润滑作用也增大，因而颗粒表面摩擦力相应地减小，在外力作用下，就容易被压实。而继续增加水量，只会增加土的孔隙体积，使干密度相应降低。工程经验表明，欲将填土压实，必须使其水分降低到饱和程度以下，要求土体处于三相状态。土在瞬时冲击荷载重复作用下，颗粒重新排列，其固态密度增加，气态体积减小。当锤击力作用于土样时，其首先发生压缩变形；当锤击力消失后，土又出现了回弹现象。因此，土的压实过程既不是固结过程，也不同于一般压缩过程，而是一个土颗粒和粒组在不排水条件下的重新组构过程。

第 2 节　土的击实试验

7.2.1　试验目的和适用范围

击实试验是测定试样在标准击实功作用下含水率与干密度之间的关系，从而确定该试样的最优含水率和最大干密度的试验。击实试验方法分为轻型击实法和重型击实法。击实试验类型和方法如表 7-1 所示，应根据工程要求和试样最大粒径选用。

表 7-1　不同规范中击实试验标准技术参数

规范形式	编号	击锤质量/kg	击锤底直径/mm	落高/mm	试样尺寸			最大粒径/mm	装土层次/层	每层击数/次	护筒高度/mm
					直径/mm	高度/mm	体积/cm³				
铁路规范（轻型）	Q1	2.5	51	305	102	116	947.4	5	3	25	50
	Q2	2.5	51	305	152	116	2 103.9	20	3	56	50

续表 7-1

规范形式	编号	击锤质量/kg	击锤底直径/mm	落高/mm	试样尺寸			最大粒径/mm	装土层次	每层击数	护筒高度/mm
					直径/mm	高度/mm	体积/cm³				
铁路规范（重型）	Z1	4.5	51	457	102	116	947.4	5	5	25	50
	Z2	4.5	51	457	152	116	2 103.9	20	5	56	50
	Z3	4.5	51	457	152	116	2 103.9	40	3	94	50
公路规范（轻型Ⅰ）	Ⅰ.1	2.5	50	300	100	127	997	20	3	27	50
	Ⅰ.2	2.5	50	300	152	120	2 177	40	3	59	50
公路规范（重型Ⅱ）	Ⅱ.1	4.5	50	450	100	127	997	20	5	27	50
	Ⅱ.2	4.5	50	450	152	120	2 177	40	3	98	50

当试样中粒径大于各方法相应的最大粒径 5 mm、20 mm 或 40 mm 的颗粒质量占总质量的 5%~30% 时，其最大干密度和最优含水率应进行校正。

当细粒土中的粗粒土含量大于土总质量的 40% 或粒径大于 0.005 mm 的颗粒含量大于土总质量的 70%（$d_{30} \leq 0.005$ mm）时，还应做粗粒土最大干密度试验。其结果应与重型击实试验结果比较，最大干密度取两种试验结果中的较大值。

7.2.2　仪器设备

（1）标准击实仪，如图 7-1 所示。

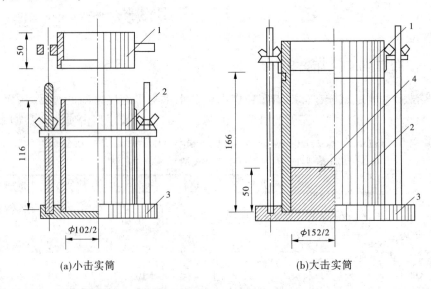

(a)小击实筒　　　　　　(b)大击实筒

1—套筒；2—击实筒；3—底板；4—垫块。

图 7-1　标准击实仪　（单位：mm）

（2）烘箱及干燥器。

（3）天平:感量为 0.01 g。

（4）台秤:称量为 10 kg,感量为 5 g。

（5）圆孔筛:孔径为 40 mm、20 mm 和 5 mm 的圆孔筛各一个。

（6）拌和工具:尺寸为 400 mm×600 mm、深 70 mm 的金属盘,土铲。

（7）其他:喷水设备、碾土器、盛土盘、量筒、推土器、平直尺、铝盒、修土刀等。

7.2.3　试样制备

试验人员调配的含水率必须在最优含水率附近,最优含水率可由塑限确定大致范围,有经验的试验人员可根据“握之成团、抛之即散”的经验进行把握。根据土的压实原理,峰值点就是对应孔隙比最小的点,所以建议在塑限含水率附近再加两个对应含水率高于塑限的点和两个对应含水率低于塑限的点,且含水率差值应控制在 2%~3%。

试样制备分为干土法和湿土法两种,且应符合下列规定:

（1）干土法(土不重复使用)。将代表性试样风干或在低于 50 ℃条件下进行烘干。风干或烘干后以不破坏试样的基本颗粒为准,将土碾碎,过孔径为 5 mm、20 mm 或 40 mm 的筛,拌和均匀备用。试样按四分法至少准备 5 个,分别加入不等量水分(按 2%~3%使含水率递增),拌匀后闷料一夜备用。

（2）湿土法(土不重复使用)。对于高含水率土,可省略过筛步骤,用手拣除粒径大于 40 mm 的粗石子即可。保持天然含水率的第一个试样,可立即用于击实试验。其余几个试样,将土分成小土块,分别风干,使含水率按 2%~3%递减。

7.2.4　试验步骤

（1）根据工程要求,按规定选择试验方法。根据土的性质(含易击碎、风化石数量,含水率),按规定选用干土法或湿土法。

（2）将击实筒放在坚硬的地面上,在筒内壁上抹一薄层凡士林,并在筒底(小击实筒)或垫块(大击实筒)上放置蜡纸或塑料薄膜。取制备好的土样分 3~5 次倒入筒内。小击实筒按三层法装入土样时,每次装入 800~900 g(其量应使击实后的试样高度等于或略高于筒高的 1/3);按五层法装入土样时,每次装入 400~500 g(其量应使击实后的土样等于或略高于筒高的 1/5)。对于大击实筒,先将垫块放在筒内底板上,采用三层法,每层需试样 1 700 g 左右。整平表面,并稍加压紧,然后按规定的击数进行第一层土的击实。击实时击锤应自由垂直落下,锤迹必须均匀分布于土样面上,第一层击实完成后,将试样层面“拉毛”,然后装入套筒,重复上述步骤进行其余各层土的击实。小击实筒击实后,试样不应高出筒顶面 5 mm;大击实筒击实后,试样不应高出筒顶面 6 mm。

（3）用修土刀沿套筒内壁削刮,使试样与套筒脱离后,扭动并取下套筒,对齐筒顶小心削平试样,拆除底板,擦净筒外壁,称量,精确至 1 g。

（4）用推土器推出筒内试样,从试样中心处取样并测其含水率,精确至 0.1%。测定含水率用试样的数量按表 7-2 的规定确定(取出有代表性的土样)。

表 7-2 测定含水率用试样的数量

最大粒径/mm	试样质量/g	个数
<5	15~20	2
约 5	约 50	1
约 20	约 250	1
约 40	约 500	1

(5)对于干土法(土不重复使用)和湿土法(土不重复使用),将试样搓散,然后洒水拌和,但不需闷料,每次增加 2%~3% 的含水率,其中有两个大于和两个小于最佳含水率。所需加水量按下式计算:

$$m_w = \frac{m_i}{1 + 0.01\omega_i} \times 0.01(\omega - \omega_i) \tag{7-1}$$

式中 m_w ——所需的加水量,g;

   m_i ——含水率增加时土样的质量,g;

   ω_i ——土样原有含水率(%);

   ω ——土样要求达到的含水率(%)。

按上述步骤进行其他含水率试样的击实试验。

7.2.5   结果整理

7.2.5.1   击实后试样的湿密度计算

$$\rho = \frac{m_2 - m_1}{V} \tag{7-2}$$

式中 ρ ——击实后试样的湿密度,精确至 0.01 g/cm³;

   m_2 ——击实后筒和湿试样的质量,g;

   m_1 ——击实筒的质量,g;

   V ——击实筒的容积,cm³。

7.2.5.2   击实后试样的干密度计算

$$\rho_d = \frac{\rho}{1 + 0.01\omega} \tag{7-3}$$

式中 ρ_d ——击实后试样的干密度,精确至 0.01 g/cm³;

   ω ——含水率(%)。

7.2.5.3   最大干密度和最佳含水率的校正

当试样中粒径大于各方法相应的最大粒径 5 mm、20 mm 或 40 mm 的颗粒质量占总质量的 5%~30% 时,按式(7-4)、式(7-5)分别对试验所得的最大干密度和最优含水率进行校正。

校正后试样的最大干密度为

$$\rho'_{dmax} = \frac{1}{\dfrac{1 - P_s}{\rho_{dmax}} + \dfrac{P_s}{\rho_a}} \tag{7-4}$$

式中　ρ'_{dmax}——校正后的最大干密度,精确至 0.01 g/cm³;

　　　ρ_{dmax}——粒径小于 5 mm、20 mm 或 40 mm 的试样试验所得的最大干密度,g/cm³;

　　　P_s——试样中粒径大于 5 mm、20 mm 或 40 mm 颗粒的质量分数(%);

　　　ρ_a——粒径大于 5 mm、20 mm 或 40 mm 颗粒的毛体积密度,g/cm³。

校正后试样的最优含水率为

$$\omega'_{opt} = \omega'_{opt}(1 - P_s) + P_s\omega_x \tag{7-5}$$

式中　ω'_{opt}——校正后试样的最优含水率,精确至 0.01%;

　　　ω_{opt}——粒径小于 5 mm、20 mm 或 40 mm 的试样试验所得的最优含水率(%);

　　　ω_x——粒径大于 5 mm、20 mm 或 40 mm 颗粒的吸着含水率(%)。

7.2.5.4　饱和含水率计算

$$\omega_{sat} = \left(\frac{\rho_w}{\rho_d} - \frac{\rho_w}{\rho_s}\right) \times 100\% \tag{7-6}$$

式中　ω_{sat}——饱和含水率,精确至 0.1%;

　　　ρ_w——4 ℃时水的密度,g/cm³;

　　　ρ_s——试样颗粒密度,对于粗粒土,则为试样中粗细颗粒的混合密度,g/cm³。

7.2.5.5　干密度与含水率的关系曲线

以干密度为纵坐标、含水率为横坐标,绘制干密度与含水率的关系曲线。曲线上峰值点的纵、横坐标分别表示该击实试样的最大干密度和最优含水率。若不能绘出曲线上正确的峰值点,应进行补点或重做试验。

7.2.5.6　压实系数

$$K = \frac{\rho_d}{\rho_{dmax}} \tag{7-7}$$

式中　K——压实系数,精确至 0.001;

　　　ρ_d——试样的干密度,g/cm³;

　　　ρ_{dmax}——最大干密度,g/cm³。

7.2.5.7　允许平行差值

本试验含水率需进行两次平行测定,取其结果的算术平均值,其允许平行差值应符合表 7-3 的规定。

表 7-3 含水率测定的允许平行差值

含水率/%	允许平行差值/%
5 以下	0.3
40 以下	≤1
40 以上	≥2

7.2.6 试验记录表

击实试验记录表如表 7-4 所示。

表 7-4 击实试验记录表

工程名称：　　　　　　　　试验者：

工程编号：　　　　　　　　计算者：

试验日期：　　　　　　　　校核者：

土样编号		筒号		落距		
土样来源		筒体积		每层击数		
试验日期		击锤质量		粒径大于 5 mm 的颗粒含量		

	试验次数	1	2	3	4	5
干密度	筒+土的质量/g					
	筒的质量/g					
	湿土的质量/g					
	湿密度/(g/cm³)					
	干密度/(g/cm³)					
含水率	盒号					
	盒+湿土的质量/g					
	盒+干土的质量/g					
	盒的质量/g					
	水的质量/g					
	干土的质量/g					
	含水率/%					
	平均含水率/%					
最优含水率/%			最大干密度/(g/cm³)			

7.2.7　击实试验的影响因素

7.2.7.1　土样制备方法的影响

土样制备方法不同,所得到的击实试验结果也会不同。试验证明:最大干密度以烘干土最大,风干土次之,天然土最小;最优含水率也因土样制备方法不同而不同,以烘干土最低。这种现象黏土表现最明显,黏粒含量越高,烘干对其最大干密度的影响也越大,这显然是烘干影响了胶粒性质,故黏土不宜用烘干土备样。一般制样采用湿土法和干土法两种,而干土法以风干土居多,也有用低于 60 ℃烘干的土。

7.2.7.2　余土高度的影响

试样击实后总会有部分土柱超过筒顶高度,这部分土柱的高度称为余土高度。标准击实试验所得的击实曲线是指余土高度为 0 时在单位体积击实功作用下土的干密度与含水率的关系曲线。也就是说,此关系曲线是以击实筒容积为体积的等单位功能曲线。由于实际操作中总是存在或多或少的余土高度,如果余土高度过大,则关系曲线上的干密度就不再是一定击实功作用下的干密度,试验结果的误差会增大。试验结果表明:当余土高度不超过 6 mm 时,干密度的误差(以余土高度为 0 时的干密度为基准)才能控制在允许误差范围内。因此,为了控制人为因素造成的误差,保证试验精度,规定余土高度不得超过 6 mm。

为了防止试样超高,第一层土击实完后,试样的表面大约处于击实筒的 1/3 的高度处,如果差得很多(如超过 5 mm),就应将土推出、弄碎,减少一些土样。否则,三层击实后土样会超过相关标准所规定的超高值。

7.2.7.3　重复用土的影响

重复使用土样对最大干密度和最优含水率以及其他物理性质指标均有一定影响。一方面,土中的部分颗粒被反复击实而破碎,改变了土的级配;另一方面,试样被击实后要恢复到原来松散状态比较困难,特别是高塑性黏土,再加水时更难以浸透,因而影响试验结果。国内外对此均进行过比较试验,结果表明:重复用土对最大干密度影响较大,差值达 $0.05 \sim 0.08 \ g/cm^3$;对最优含水率影响较小;对强度指标也有影响。

7.2.7.4　粗粒含量的影响

由于仪器尺寸的限制,土样需过孔径为 5 mm 的筛。但在实际填筑过程中,往往包含粒径大于 5 mm 的颗粒,这样现场填筑中所得到的密度大,因此就产生了对含有粒径大于 5 mm 颗粒土试验结果的校正问题。一般情况下,黏性土料中粒径大于 5 mm 的颗粒含量占土总质量的百分数不大,大颗粒间的孔隙能被细粒土所填充。因此,可以根据土料中粒径大于 5 mm 颗粒含量和该颗粒的毛体积密度,用过筛后土料的击实试验结果来推算总土料的最大干密度和最优含水率。如果粒径大于 5 mm 的颗粒含量超过 30%,则大颗粒土间的孔隙将不能被细粒土所填充,应使用其他试验方法测实。

第 8 章　渗透试验

第 1 节　概　述

8.1.1　试验原理

渗透是水在土孔隙中运动的现象。当土中渗透水呈层流状态时,渗透速度 v 与水力梯度 i 成正比。水力梯度 $i=1$ 时的渗透速度称为土的渗透系数,以达西定理表示为

$$v = ki \tag{8-1}$$

8.1.2　试验目的及适用范围

渗透试验的目的是测定土的渗透系数。土的渗透系数变化范围很大,渗透系数的测定应采用不同的方法。对于粗粒砂质土,一般采用常水头渗透试验;对于细粒黏质土和粉质土,一般采用变水头渗透试验。

第 2 节　常水头渗透试验

8.2.1　仪器设备

(1)常水头渗透仪(70 型渗透仪):其结构如图 8-1 所示。
(2)天平:称量为 5 000 g,感量为 1.0 g。
(3)量筒。
(4)温度计:感量为 0.5 ℃。
(5)其他:秒表、木槌、橡胶管、支架等。

8.2.2　操作步骤

(1)按图 8-1 所示结构图装好仪器,并检查各管路接头处是否漏水,将调节管与供水管连通,由仪器底部充水至水位略高于金属孔板,关止水夹。
(2)取有代表性的风干试样 3~4 kg,称量并精确至 1.0 g。测定试样的风干含水率。
(3)将试样分层装入圆筒,每层厚 2~3 cm,用木槌轻轻击实到一定厚度以控制其孔隙比。如试样含黏粒较多,应在金属孔板上加铺厚约 2 cm 的粗砂过渡层并量出过渡层厚度,防止试验时细料流失。
(4)每层试样装好后,连接供水管和调节管,并从调节管中进水,微开止水夹使试样逐渐饱和。当水面与试样顶面齐平时,关止水夹。试样饱和时水流不应过急,以免冲动试样。

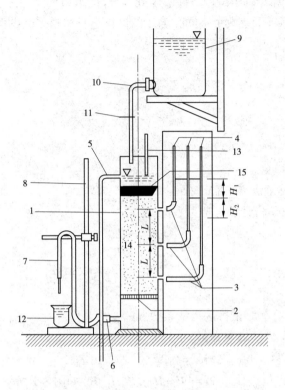

1—封底金属圆筒;2—金属孔板;3—测压孔;4—玻璃测压管;
5—溢水孔;6—渗水孔;7—调节管;8—滑动支架;9—供水瓶;
10—供水管;11—止水夹;12—量筒;13—温度计;14—试样;15—砾石层。

图 8-1　常水头渗透仪结构

(5)根据上述步骤逐层装试样至试样高出上测压孔 3～4 cm,在试样上端铺厚约 2 cm 的砾石做缓冲层。待最后一层试样饱和后继续使水位缓缓上升至溢水孔处,当有水溢出时关止水夹。

(6)试样装好后量测试样顶部至仪器上口的剩余高度,计算试样净高。称量剩余试样质量(精确至 1.0 g),计算装入试样的总质量。

(7)静置数分钟后,检查各测压管水位是否与溢水孔齐平,如不齐平,说明试样中或测压管接头处有集气阻隔,用吸水球进行吸水排气处理。

(8)提升调节管,使其高于送水孔,然后将调节管与供水管分开,并将供水管置于金属圆筒内。打开止水夹,使水由上部注入金属圆筒内。

(9)降低调节管管口高度,使其位于试样上部 1/3 处,形成水位差,水即渗过试样经调节管流出。在渗透过程中应调节供水管止水夹,使供水管流量略多于溢出水量。溢水孔应始终有余水溢出,以保持常水位。

(10)测压管水位稳定后,记录测压管水位,计算各测压管间的水位差。

(11)启动秒表,同时用量筒接取经一定时间渗透的水,并重复 1 次。接取渗透水时,调节管管口不可没入水中。测记进水处与出水处的水温,取平均值。

（12）降低调节管管口至试样下部 1/3 处，以改变水力坡降，并按（9）~（11）步骤重复进行测定。根据需要，可装数个不同孔隙比的试样进行渗透系数的测定。

8.2.3　计算及制图

按式（8-2）计算试样的干密度 ρ_d 及孔隙比 e

$$m_d = \frac{m}{1 + 0.01\omega} \tag{8-2}$$

式中　m_d——试样干质量，g；

m——干试样总质量，g；

ω——风干土含水率（%）。

按式（8-3）、式（8-4）计算渗透系数 k_T 及 k_{20}：

$$k_T = \frac{QL}{AHt} \tag{8-3}$$

$$k_{20} = k_T \frac{\eta_T}{\eta_{20}} \tag{8-4}$$

式中　k_T——水温为 T 时试样的渗透系数，cm/s；

Q——时间 t 内的渗透水量，cm³；

L——两侧压孔中心间的试样高度，一般取 10 cm；

H——平均水位差，cm，$H = (H_1 + H_2)/2$，H_1、H_2 如图 8-1 所示；

t——时间，s；

k_{20}——标准温度（20 ℃）时试样的渗透系数，cm/s；

η_T——水温为 T 时水的动力黏滞系数，10^{-6} kPa·s；

η_{20}——20 ℃时水的动力黏滞系数，10^{-6} kPa·s。

比值 $\dfrac{\eta_T}{\eta_{20}}$ 与温度的关系可查表 8-1。

表 8-1　不同温度下水的动力黏滞系数之比

温度 T/℃	η_T/η_{20}	温度 T/℃	η_T/η_{20}	温度 T/℃	η_T/η_{20}
5.0	1.501	15.0	1.133	25.0	0.890
5.5	1.478	15.5	1.119	25.5	0.880
6.0	1.455	16.0	1.104	26.0	0.870
6.5	1.435	16.5	1.090	26.5	0.860
7.0	1.413	17.0	1.077	27.0	0.851

续表 8-1

温度 T/℃	η_T/η_{20}	温度 T/℃	η_T/η_{20}	温度 T/℃	η_T/η_{20}
7.5	1.393	17.5	1.063	27.5	0.842
8.0	1.373	18.0	1.050	28.0	0.833
8.5	1.353	18.5	1.038	28.5	0.824
9.0	1.334	19.0	1.025	29.0	0.815
9.5	1.315	19.5	1.012	29.5	0.806
10.0	1.297	20.0	1.000	30.0	0.798
10.5	1.279	20.5	0.988	30.5	0.789
11.0	1.261	21.0	0.967	31.0	0.781
11.5	1.244	21.5	0.964	31.5	0.773
12.0	1.227	22.0	0.953	32.0	0.765
12.5	1.211	22.5	0.943	32.5	0.757
13.0	1.194	23.0	0.932	33.0	0.750
13.5	1.178	23.5	0.921	33.5	0.742
14.0	1.163	24.0	0.910	34.0	0.735
14.5	1.149	24.5	0.900	34.5	0.727

在测得的结果中取 3~4 个在允许差值范围内的数值,求其平均值作为试样在该孔隙比 e 时的渗透系数,其允许差值不大于 2×10^{-n} cm/s。

当进行不同孔隙比下的渗透试验时,可在半对数坐标纸上绘制以孔隙比为纵坐标、渗透系数为横坐标的关系曲线,如图 8-2 所示。

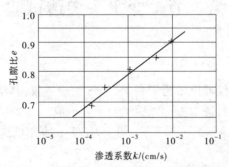

图 8-2 孔隙比 e 与渗透系数 k 的关系曲线

8.2.4 试验记录

常水头渗透试验记录格式如表 8-2 所示。

表 8-2 常水头渗透试验记录格式

工程名称：　　　　　　　　　　　　　　　试验者：
工程编号：　　　　　　　　　　　　　　　计算者：
试验日期：　　　　　　　　　　　　　　　校核者：

仪器编号		干土质量	
试样高度		土粒比重	
试样面积		测压孔面积	
试样说明		孔隙比	

试验次数	经过时间 t/s	测压管水位/cm			水位差/cm			水力坡降 J	渗透水量 Q/cm^3	渗透系数 $k_T/$ (cm/s)	平均水温/℃	校正系数 $\dfrac{\eta_T}{\eta_{20}}$	水温20℃时渗透系数/ (cm/s)	渗透系数平均值/ (cm/s)	说明
		Ⅰ管	Ⅱ管	Ⅲ管	H_1	H_2	平均值 H								
(1)	(2)	(3)	(4)	(5)	(6)	(7)	(8)	(9)	(10)	(11)	(12)	(13)	(14)		
				(2)−(3)	(3)−(4)	$\dfrac{(5)+(6)}{2}$	(7)/(9)		$\dfrac{(9)}{A×(8)×(1)}$			(10)×(12)	$\dfrac{\sum(13)}{n}$		

第 3 节　变水头渗透试验

8.3.1　仪器设备

(1)变水头渗透试验仪器设备为华南 TST-55 型渗透仪,其结构图如图 8-3 所示。

(2)渗透容器:由环刀,透水板,套筒及上、下盖组成。

(3)其他:100 mL 量筒、秒表、温度计、切土刀、凡士林、橡胶管。

8.3.2　操作步骤

(1)根据需要用环刀垂直或平行在土样层面切取原状试样或扰动土制备成给定密度的试样,并进行充分饱和。切土时应尽量避免结构扰动并禁止用切土刀反复涂抹试样表面。

(2)在盛有试样的环刀外套上橡皮圈,然后将环刀推入套筒,并压入止水垫圈。装好带有透水板的上、下盖,并用螺钉拧紧,不得漏水。

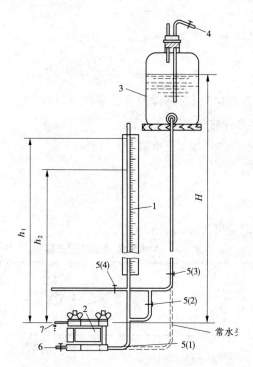

1—变水头管;2—渗透容器;3—供水瓶;4—接水源管;5—进水管夹;6—排气管;7—出水管。

图 8-3　变水头渗透仪结构

(3)把装好试样的渗透容器与水头装置连通,利用供水瓶中的水充满进水管,并注入渗透容器中。打开排气阀,将容器侧立,排除渗透容器底部的空气,直至溢出水中无气泡,关闭排气阀,放平渗透容器。

(4)在一定水头作用下静置一段时间,待出水管口有水溢出时,再开始进行试验测定。

(5)将水头管充水至需要高度后,关止水夹 5(2),启动秒表,同时测记起始水头 h_1,经过时间 t 后,再测记终止水头 h_2。如此连续测记 2~3 次后,再使水头管水位回升至需要高度。连续测记 6 次以上。还应测记试验开始时与终止时的水温。

8.3.3　计算

按式(8-5)计算渗透系数:

$$k_T = 2.3 \frac{aL}{At} \lg \frac{h_1}{h_2} \qquad (8-5)$$

式中　a ——变水头管截面面积,cm^2;

　　　L　　渗径,即试样高度,cm;

　　　h_1——试验开始时水头,cm;

　　　h_2——试验终止时水头,cm;

　　　A——试样的断面面积,cm^2;

t ——时间,s。

按式(8-6)计算标准温度下的渗透系数：

$$k_{20} = k_T \frac{\eta_T}{\eta_{20}} \tag{8-6}$$

式中　k_{20}——标准温度(20 ℃)时试样的渗透系数,cm/s；

　　　η_T——水温为 T 时的动力黏滞系数,10^{-6} kPa·s；

　　　η_{20}——20 ℃时水的动力黏滞系数,10^{-6} kPa·s；

　　　k_T——渗透系数。

8.3.4　试验记录

变水头渗透试验记录格式如表8-3所示。

表 8-3　变水头渗透试验记录格式

工程名称：		试验者：
工程编号：		计算者：
试验日期：		校核者：
土样说明：		试样面面积：
测压管断面面积：		孔　隙　比：
试样高度：		试　验　日　期：

开始时间 t_1/s	终止时间 t_2/s	经过时间 t/s	开始水头 h_1/cm	终止水头 h_2/cm	$2.3 \times \dfrac{aL}{At}$	$\lg \dfrac{h_1}{h_2}$	水温为 T 时试样的渗透系数 k_T/ (cm/s)	水温/℃	校正系数 $\dfrac{\eta_T}{\eta_{20}}$	水温为 20 ℃ 时试样的渗透系数 k_{20}/(cm/s)	渗透系数平均值/ (cm/s)

第 4 节　渗透试验中应注意的问题

（1）常水头渗透试验适用于粗粒土，变水头渗透试验适用于细粒土。

（2）试样中的气泡或溶解于水中的气泡会再分离出来，堵塞土的孔隙，使测定的渗透系数小于完全饱和土样的渗透系数，故试验采用的纯水应在试验前用抽气法或沸煮法脱气，试验时的水温宜高于实验室温度 3~4 ℃。

（3）试验用水。水中含气对渗透系数的影响主要是水中气体分离形成气泡堵塞土的孔隙，致使土的渗透系数逐渐减小。因此，试验中要求用无气水，最好利用实际作用于土中的天然水，但这一点较难做到。试验要求所用的纯水须先进行脱气，脱气的方法是先将水煮沸，然后降低压力，冷却，也可用抽气法。试验时规定水温高于试样的温度，其目的也是避免低温的水进入较高温度的试样时，水因温度升高而分解出气泡，以致堵塞土的孔隙。

（4）试样的饱和。试样的饱和度愈小，土的孔隙内残留气体愈多，使土的有效渗透面积愈小。同时，气体随孔隙水压力的变化而胀缩，使饱和度的影响成为一个不定的因素。为了保证试验精度，要求试样必须充分饱和。实践证明，真空抽气饱和法是有效的方法。为了使试样充分饱和，可在三轴仪中用反压力方法进行渗透试验。

（5）水的动力黏滞系数随温度的变化而变化，土的渗透系数与水的动力黏滞系数成反比。因此，在任一温度下测定的渗透系数应换算到标准温度下的渗透系数，以使试验结果具有可比性。关于标准温度，各国不统一，美国采用 20 ℃，日本采用 15 ℃，俄罗斯采用 10 ℃，以往我国也采用 10 ℃。实际上以 10 ℃ 作为我国的标准温度是不符合具体情况的，且标准温度应由标准温度的定义去设定，目前我国各领域采用的标准温度均为 20 ℃，所以土工试验中也采用 20 ℃ 作为标准温度。

（6）关于试验成果的取值。对一个试样多次测定的取值标准，根据 6 个单位 467 组渗透试验成果统计：当 $k=A\times10^{-n}$，n 值为常数时，A 的差值小于 1.0 的占 66.3%，小于 2.0 的占 82.6%，大于 2.0 的占 17.4%。因此，1 个试样多次测定的取值应在连续测定 6 次后，取同次方的 A 值最大和最小的差值不大于 2.0 的 4 个以上的结果，取其平均值作为试样在某一孔隙比下的平均渗透系数。土的渗透性是指水流通过土孔隙的能力。土的孔隙大小决定着渗透系数的大小。为此，测定渗透系数时，必须说明与渗透系数相适应的土的密度状态。试验时应将试样控制在设计要求的孔隙比下测定其渗透系数，否则试验结果就无实用意义。当试样孔隙比控制在需要值有困难时，可进行不同孔隙比下的渗透试验，测得孔隙比与渗透系数的关系曲线，就能查得任意孔隙比下的渗透系数。

第 9 章　固结试验

第 1 节　概　述

土体是复杂的多相介质,土的变形性质甚为复杂。在外部荷载作用下,土颗粒本身不可压缩,只是产生相对位移,土体产生的变形等于空隙体积的变化量。作用在土体上的压力与土体体积压缩量的关系,可用压力与孔隙比的关系曲线来表示,这种曲线称为土的压缩曲线。压缩曲线可以反映土的压缩性。曲线越陡,压缩性越大;曲线越平缓,压缩性越小。饱和土样受到压力,孔隙体积减小,孔隙水被挤出,其被挤出的快慢,取决于孔隙通道的大小。对于饱和砂性土,孔隙较大且相互连通,土体里面的水很快被挤出,沉降速度快。而对于饱和黏性土,因为颗粒细微,孔隙较小,排水通道非常小,孔隙中充满与颗粒紧密结合的结合水,自由水很难被挤出,所以黏性土的压缩稳定需要很长的时间。伴随着孔隙水的挤出,孔隙体积被压缩,从而使土体趋于密实,这一变形过程称为固结。

固结试验是研究土体一维变形特性的实测方法。它是测定土体在压力作用下的压缩特性,所得的各项指标用以判断土的压缩性和计算土工建筑物与地基的沉降。标准固结试验适用于饱和黏土,当只进行压缩时,允许用于非饱和土;应变控制连续加荷固结试验适用于饱和细粒土。

第 2 节　标准固结试验

9.2.1　仪器设备

(1)固结仪:由环刀、护环、透水板、水槽、加压上盖等组成,见图 9-1。

(2)环刀:内径为 61.8 mm 和 79.8 mm,高度为 20 mm。环刀应具有一定的刚度,其内壁应保持较高的光洁度,宜涂一薄层硅脂或聚四氯乙烯。

(3)透水板:由氧化铝或不易腐蚀的金属材料制成,其渗透系数应大于试样的渗透系数。用固定式容器时,顶部透水板直径应小于环刀内径 0.2~0.5 mm;用浮环式容器时,上、下端透水板直径相等,均应小于环刀内径。

(4)加压设备:应能垂直地在瞬间施加各级规定的压力,且没有冲击力。

(5)变形量测设备:量程为 10 mm、感量为 0.01 mm 的百分表或精度为全量程 0.2%的位移传感器。

9.2.2　校准

固结仪及加压设备应定期校准,并应作仪器变形校正曲线。

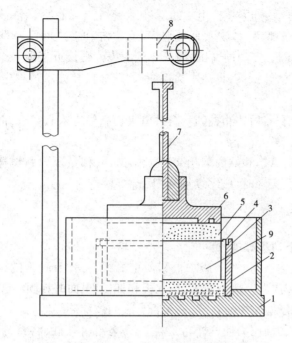

1—水槽;2—护环;3—环刀;4—导环;5—透水板;
6—加压上盖;7—位移计导杆;8—位移计架;9—试样。

图 9-1 固结仪示意图

9.2.3 试样制备

原状土试样制备应按下列步骤进行:

(1)将土样筒按标明的上、下方向放置,剥去蜡封和胶带,开启土样筒取出土样。检查土样结构,当确定土样已受扰动或取土质量不符合规定时,不应将其用于制备土力学性质试验的试样。

(2)根据试验要求用环刀切取试样时,应在环刀内壁涂一薄层凡士林,刃口向下放在土样上,将环刀垂直下压,并用切土刀沿环刀外侧切削土样,边压边削至土样高出环刀。根据试样的软硬程度,采用钢丝锯或切土刀整平环刀两端土样,擦净环刀外壁,称量环刀和土的总质量。

(3)从余土中取代表性试样测定含水率、土粒比重。

(4)切削试样时,应对土样的层次、气味、颜色、夹杂物、裂缝和均匀性进行描述。塑性和高灵敏度的软土,制样时不得受扰动。

(5)试样需要饱和时,应按规定进行抽气饱和。

9.2.4 抽气饱和

抽气饱和应按下列步骤进行:

(1)选用叠式或框式饱和器及真空饱和装置。在叠式饱和器下夹板的正中,依次放置透水板、滤纸、带实样的环刀、滤纸、透水板,按此顺序重复,由下向上重叠到拉杆高度,将饱和器上夹板盖好后,拧紧拉杆上端的螺母,将各个环刀在上、下夹板间夹紧。

(2)将装有试样的饱和器放入真空缸内,真空缸和盖之间涂一薄层凡士林后盖紧。将真空缸与抽气机接通,启动抽气机,当真空压力表读数接近当地一个大气压力值时(抽气时间不少于 1 h),微开管夹,将清水徐徐注入真空缸,在注水过程中真空压力表读数宜保持不变。

(3)待水淹没饱和器后停止抽气。打开管夹使空气进入真空缸,静置一段时间(细粒土宜静置 10 h),使试样充分饱和。

(4)打开真空缸,从饱和器内取出带环刀的试样,称量环刀和试样总质量,并计算饱和度。当饱和度低于 95% 时,应继续抽气饱和。

9.2.5　试验步骤

固结试验应按下列步骤进行:

(1)在固结容器内放置护环、透水板和薄型滤纸,将带有环刀的试样装入护环内,放上导环。在试样上依次放上薄型滤纸、透水板和加压上盖,并将固结容器置于加压框架正中,使加压上盖与加压框架中心对准,安装百分表或位移传感器。

(2)施加 1 kPa 的预压力使试样与仪器上、下各部件接触,将百分表或位移传感器调整到零位或测读初读数。

(3)确定需要施加的各级压力,压力等级宜为 12.5 kPa、25 kPa、50 kPa、100 kPa、200 kPa、400 kPa、800 kPa、1 600 kPa、3 200 kPa。第一级压力的大小应视土的软硬程度而定,宜用 12.5 kPa、25 kPa 或 50 kPa。最后一级压力应大于土的自重压力与附加压力之和。只需测定压缩系数时,最大压力不小于 400 kPa。

(4)需要确定原状土的先期固结压力时,初始段的加荷率应小于1,可采用 0.5 或 0.25。施加的压力应使测得的 e-$\lg p$ 曲线下段出现直线段。对超固结土,应进行卸压、再加压来评价其再压缩特性。

(5)对于饱和试样,施加第一级压力后应立即向水槽中注水浸没试样。非饱和试样进行压缩试验时,需用湿棉纱围在加压板周围。

(6)需要测定沉降速率、固结系数时,施加每一级压力后宜按下列时间顺序测记试样的高度变化。时间顺序为 6 s、15 s、1 min、2 min 15 s、4 min、6 min 15 s、9 min、12 min 15 s、16 min、20 min 15 s、25 min、30 min 15 s、36 min、42 min 15 s、49 min、64 min、100 min、200 min、400 min、23 h、24 h,至试样高度稳定。不需要测定沉降速率时,施加每级压力的时间为 24 h,并测定试样高度变化作为稳定标准。只需测定压缩系数的试样,施加每级压力后每小时变形达 0.01 mm 时,测定试样高度变化作为稳定标准。按此步骤逐级加压至试验结束。

注:测定沉降速率仅适用于饱和土。

(7)需要进行回弹试验时,可在某级压力下试样固结稳定后退压,直至达到要求的压力,每次退压 24 h 后,测定试样的回弹量。

(8)试验结束后吸去容器中的水,迅速拆除仪器各部件,取出整块试样,测定其含水率。

9.2.6 结果整理

(1)试样的初始孔隙比应按式(9-1)计算:

$$e_0 = \frac{(1 + \omega_0) G_s \rho_w}{\rho_0} - 1 \qquad (9\text{-}1)$$

式中 e_0——试样的初始孔隙比;

ω_0——压缩前试样的含水率(%);

G_s——土粒比重;

ρ_w——水的密度,g/cm³;

ρ_0——压缩前试样的密度,g/cm³。

(2)各级压力下试样固结稳定后的单位沉降量应按式(9-2)计算:

$$s_i = \frac{\sum \Delta h_i}{h_0} \times 10^3 \qquad (9\text{-}2)$$

式中 s_i——某级压力下的单位沉降量,mm/m;

h_0——试样初始高度,mm;

$\sum \Delta h_i$——某级压力下试样固结稳定后的总变形量,mm,等于该级压力下试样固结稳定时的读数减去仪器变形量。

(3)各级压力下试样固结稳定后的孔隙比应按式(9-3)计算:

$$e_i = e_0 - \frac{1 + e_0}{h_0} \Delta h_i \qquad (9\text{-}3)$$

式中 e_i——各级压力下试样固结稳定后的孔隙比;

其他符号含义同前。

(4)某一压力范围内的压缩系数应按式(9-4)计算:

$$a_v = \frac{e_i - e_{i+1}}{p_{i+1} - p_i} \qquad (9\text{-}4)$$

式中 a_v——压缩系数,MPa⁻¹;

p_i——某级压力值,MPa;

其他符号含义同前。

(5)某一压力范围内的压缩模量应按式(9-6)计算:

$$E_s = \frac{1 + e_0}{a_v} \qquad (9\text{-}5)$$

式中 E_s——某一压力范围内的压缩模量,MPa;

其他符号含义同前。

(6)某一压力范围内的体积压缩系数应按式(9-6)计算:

$$m_v = \frac{1}{E_s} = \frac{a_v}{1 + e_0} \qquad (9\text{-}6)$$

式中 m_v——某一压力范围内的体积压缩系数,MPa⁻¹;

其他符号含义同前。

（7）压缩指数和回弹指数应按式（9-7）计算：

$$C_c \text{ 或 } C_s = \frac{e_i - e_{i+1}}{\lg p_{i+1} - \lg p_i} \tag{9-7}$$

式中　　C_c——压缩指数；

　　　　C_s——回弹指数；

　　　　其他符号含义同前。

（8）以孔隙比（或单位沉降量）为纵坐标、压力为横坐标绘制孔隙比（或单位沉降量）与压力的关系曲线，见图9-2。

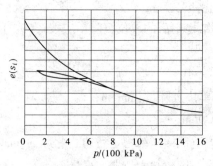

图9-2　$e(s_i)$-p 关系曲线

（9）以孔隙比为纵坐标、压力的对数为横坐标，绘制孔隙比与压力对数的关系曲线，见图9-3。

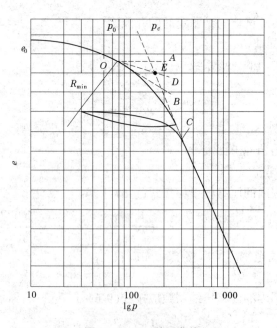

图9-3　e-$\lg p$ 关系曲线

（10）原状土试样的先期固结压力应按下列方法确定：在 e-$\lg p$ 曲线上找出最小曲率

半径 R_{min} 对应的点 O(见图 9-3),过 O 点作水平线 OA、切线 OB 及 $\angle AOB$ 的平分线 OD,OD 与曲线下段直线段的延长线交于点 E,则对应于 E 点的压力值即为该原状土试样的先期固结压力。

9.2.7 试验记录

固结试验的记录格式如表 9-1、表 9-2 所示。

表 9-1 固结试验记录格式(一)

工程编号: 　　试样面积: 　　试验者:

试样编号: 　　土粒比重 G_s: 　　计算者:

仪器编号: 　　试验前试样高度 h_0: 　　校核者:

试验日期: 　　试验前孔隙比 e_0:

		含水率试验					密度试验		
记录时间	盒号	湿土质量/g	干土质量/g	含水率/%	平均含水率/%	环刀号	湿土质量/g	环刀/g	湿密度/(g/cm³)
试验前									
试验后									

加压历时/h	压力/MPa	试样变形量/mm	压缩后试样高度/mm	孔隙比		压缩系数/MPa⁻¹	压缩模量/MPa	固结系数/(cm²/s)
	p	$\sum \Delta h_f$	$h = h_0 - \sum \Delta h_f$	$e_f = e_0 - \dfrac{1+e_0}{h_0}\Delta h_f$		$a_v = \dfrac{e_i - e_{i+1}}{p_{i+1} - p_i}$	$E_s = \dfrac{1+e_0}{a_v}$	$C_v = \dfrac{T_v \bar{h}^2}{t}$
24								

表 9-2　固结试验记录格式(二)

工程编号：　　　　　　　　　　　　　　　试验者：
试样编号：　　　　　　　　　　　　　　　计算者：
试验日期：　　　　　　　　　　　　　　　校核者：

经过时间	压力/MPa										
	时间	变形读数	时间	变形读数	时间	变形读数	时间	变形读数	时间	变形读数
0 min										
0.1 min										
0.25 min										
1 min										
2.25 min										
4 min										
6.25 min										
9 min										
12.25 min										
16 min										
20.25 min										
25 min										
30.25 min										
36 min										
42.25 min										
49 min										
64 min										
100 min										
200 min										
23 h										
24 h										
总变形量/mm										
仪器变形量/mm										
试样总变形量/mm										

第 3 节 注意事项

9.3.1 试样尺寸

试样尺寸包括试样大小与径高比。天然沉积土层一般是非均质土层。这种土在水平方向有较大的透水性,其固结速率和孔隙水压力的消散速率较均质土快得多。因此,试样越大,所得的成果代表性越大,如果试样很薄,成层性起的作用就越显著。

固结试验试样的高度与直径必须选择适当。原状土在切削过程中,试样的结构会受到破坏,破坏产生的影响因试样径高比的不同而不同。文献资料显示,直径相等但高度不同的试样,由于扰动程度的不同,其孔隙比与压力关系曲线也不同。

9.3.2 环刀侧壁摩擦

环刀与试样侧面之间的摩擦是试验的主要机械误差,这种摩擦抵消了试样上所加荷载的一部分,使试样上的有效压力估计过高。为了减小摩擦,除规定一定的径高比外,常用的方法是在环刀内侧涂润滑材料。

9.3.3 加荷率

加荷率即加荷等级。按固结试验结果估算的沉降量,一般与实测的沉降量相差较大,这是固结理论和应力计算与实际情况有所差异,以及土样结构受到不同程度的扰动等造成的。现场建筑物对地基内各部分压力的传递一般是比较缓慢的,而实验室的固结压力则是很快地传递到试样上。加荷率小,则压缩作用进行得缓慢,对土的触变破坏较小,且其结构强度得以部分恢复,因而沉降量小;反之,快速加荷或加荷率很大,必然会得到较大的沉降量。这种现象对塑性指数较大的黏土或结构强度小、密度低的软土,表现的尤为明显。

我国的试验标准中,加荷率规定为 1,当然也允许按设计要求,模拟实际工作中的加荷情况作适当的调整。但是加荷率小时,对试样的扰动小。因此,在确定原状土的先期固结压力时,要求加荷率小于 1,一般取 0.5 或 0.25。

9.3.4 加荷历时

加荷历时即稳定标准。沉降的稳定时间取决于试样的透水性和流变性质。土样的黏性愈大,达到稳定所需的时间愈长,某些软黏土要达到完全稳定,需要几天甚至几周时间。这是因为黏性土在压力作用下产生的体积变化由两部分组成:一部分是由有效应力增加产生的,一般称为主固结;另一部分是在不变的有效应力作用下产生的,称为次固结。不同的稳定时间,会得到不同的压缩曲线。加荷历时不同,得出的压缩曲线近似地平行,压缩指数基本一致,但原状土的先期固结压力是不相同的。国内对稳定标准有不同的规定,一般以 24 h 作为稳定标准。

9.3.5　先期固结压力

用卡氏图解法求先期固结压力时有许多影响因素,一方面是 e-$\lg p$ 曲线尚不能完全反映天然土层的压缩性,因为在自然界,先期固结压力是通过若干年,而不是几小时或几天形成的;另一方面是在钻取土样和试验操作中,土样的扰动和试验方法等的影响都是不可忽视的。试验时沉降稳定标准不同,可使先期固结压力值在较大范围内变化。同时,绘制 e-$\lg p$ 曲线所用比例不同,先期固结压力值也有明显的改变。因此,用图解法求得的结果并不总是可靠的。要较可靠地求得先期固结压力值,需要进一步研究确定天然土层中黏土压缩曲线的方法。

9.3.6　固结系数的确定方法

固结系数的确定方法常用的是时间平方根法和时间对数法。一般来说,在同一试验结果中,用不同方法确定的固结系数应该比较一致,但实际上却相差甚远。其原因是这些方法是利用理论与试验的时间和变形关系曲线的形状相似,以经验配合法找出在某一固结度下,理论的时间和变形关系曲线上时间因数相当于试验的时间和变形关系曲线上某一时间值,但实际试验的时间与变形关系曲线的形状因土的性质、状态及受压历史而不同,不可能得出一致的结果。引用时,宜先用时间平方根法求 C_v,如不能准确定出开始的直线段,再用时间对数法。固结系数是计算固结度的重要指标一般通过压缩试验,绘制在一定压力作用下的时间-压缩量曲线,再结合理论公式计算以确定固结系数。下面介绍确定固结系数的方法。

第 4 节　确定固结系数

固结系数是计算固结度的重要指标。一般通过压缩试验,绘制在一定压力作用下的时间-压缩量曲线,再结合理论公式计算,以确定固结系数。下面介绍确定固结系数的方法。

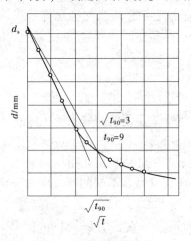

图 9-4　时间平方根法求 t

9.4.1　时间平方根法

对某一级压力,以试样的变形量为纵坐标、时间的平方根为横坐标,绘制变形量与时间平方根的关系曲线(见图 9-4),延长曲线开始段的直线,交纵坐标于变形量为 d_s 的点,定为理论零点。过变形量为 d_s 的点作另一直线,令其横坐标为前一直线横坐标的 1. 15倍,则后一直线与 $d-\sqrt{t}$ 曲线交点所对应的横坐标的平方即为试样固结度达 90%时所需的时间 t_{90}。该级压力下的固结系数应按下式计算:

$$C_v = \frac{0.848\overline{h}^2}{t_{90}} \tag{9-8}$$

式中　C_v ——固结系数,cm^2/s;

　　　$\overline{h}$ ——最大排水距离,等于某级压力作用下试样的初始和终了高度的平均值的 1/2,cm。

9.4.2　时间对数法

对某一级压力,以试样的变形量为纵坐标、时间的对数为横坐标,绘制变形量与时间对数的关系曲线(见图 9-5),在关系曲线的开始段,选任一时间 t_1,查得相对应的变形量 d_1,再取时间 $t_2 = t_1/4$,查得相对应的变形量 d_2,则 $2d_2 - d_1$ 即为 d_{01};另取一时间依同法求得 d_{02}、d_{03}、d_{04} 等,取其平均值 d_s 所对应的点为理论零点,延长曲线中部的直线段和通过曲线尾部数点切线的交点即为理论终点(变形量为 d_{100}),则 $d_{50} = (d_s + d_{100})/2$,对应于 d_{50}的时间即为试样固结度达 50%时所需的时间 t_{50}。某一级压力下的固结系数应按式(9-9)计算:

$$C_v = \frac{0.197\overline{h}^2}{t_{50}} \tag{9-9}$$

式中符号意义同前。

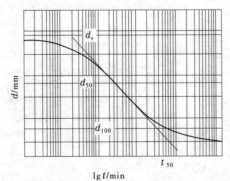

图 9-5　时间对数法求 t_{50}

9.4.3　三点计算法

时间平方根法和时间对数法都属于作图法。其缺点是试验初期的初始压缩和后期的次固结压缩对试验结果影响较大,人为因素影响较大,同时不利于计算机处理。为消除以上弊病,下面介绍三点计算法。其根据某一级荷载作用下的固结试验所得的三个读数计算固结系数,故称为三点计算法。

日本西夫郎木和寺完美一将太沙基的固结理论曲线方程写成下列经验公式:

$$\left.\begin{array}{ll} T_v = \dfrac{\pi}{4}U^2 & U \leqslant 0.53 \\[3mm] T_v = \dfrac{\pi U^2}{4(1 - U^{5.6})^{0.357}} & U > 0.53 \\[3mm] U = \dfrac{R_i - R_0}{R_{100} - R_0} \end{array}\right\} \tag{9-10}$$

式中　　T_v——时间因数;

　　　　R_0——理论零点所对应的量表读数;

　　　　R_{100}——固结度为 100% 时所对应的量表读数;

　　　　R_i——t_i 时刻所对应的量表读数;

　　　　U——固结度。

在固结初期 $U \leqslant 0.53$ 时,选择 t_1、t_2 时刻对应的量表读数 R_1、R_2,求得理论零点所对应的量表读数 R_0。

$$R_0 = \frac{R_1 - R_2 \sqrt{\dfrac{t_1}{t_2}}}{1 - \sqrt{\dfrac{t_1}{t_2}}} \tag{9-11}$$

在固结后期 $U > 0.53$ 时,选取 t_3 时刻对应的量表读数 R_3,求得理论终点所对应的量表读数 R_{100}。

$$R_{100} = R_0 - \frac{R_0 - R_3}{\left\{1 - \left[\dfrac{(R_0 - R_3)(\sqrt{t_2} - \sqrt{t_1})}{(R_1 - R_2)\sqrt{t_3}}\right]^{5.6}\right\}^{0.179}} \tag{9-12}$$

由 R_0 和 R_{100} 可求得固结系数 C_v

$$C_v = \frac{\pi}{4}\left(\frac{R_1 - R_2}{R_0 - R_{100}} \cdot \frac{H}{\sqrt{t_2} - \sqrt{t_1}}\right) \tag{9-13}$$

应用三点计算法计算 C_v 时,要求 R_1 和 R_2 所对应的时间最好分别选在 15 s、60 s 附近,R_3 选在 $U = 80\%$ 附近,以提高精度。

9.4.4　主固结沉降速率法

固结度的表达式为

$$U_t = 1 - \frac{8}{\pi^2}\sum_{m=1}^{\infty}\frac{1}{m^2}e^{-\frac{\pi^2}{4}m^2 T_v} \tag{9-14}$$

式中　　U_t——固结度;

T_v——时间因数；

m——奇数正整数。

由于级数收敛很快，当 U_t 值大于 30% 时，仅考虑第一项就可满足精度要求，即

$$U_t = 1 - \frac{8}{\pi^2}e^{-\frac{\pi^2}{4}m^2 T_v} \tag{9-15}$$

根据平均固结度的定义可知

$$s_t = U_t s \tag{9-16}$$

式中　s_t——主固结沉降量；

s——固结沉降量。

将 U_t 代入式(9-16)得

$$s_t = s(1 - ae^{-bt}) \tag{9-17}$$

式中：

$$a = \frac{8}{\pi^2}, b = \frac{\pi^2 C_v}{4H^2}$$

在某级荷载作用下，b 和 s 可以认为是常数，因此 s_t 对时间微分可得

$$s_t' = \frac{ds_t}{dt} = abse^{-bt} \tag{9-18}$$

式中　s_t'——主固结沉降速率。

因此，可得到主固结沉降量和主固结沉降速率之间的关系为

$$s_t' = -bs_t + bs \tag{9-19}$$

公式表明主固结沉降速率与主固结沉降量呈线性关系，$-b$ 为关系直线的斜率，bs 为关系直线的截距。

主固结沉降速率采用商差近似计算，即

$$s_t' = \frac{s_{t-\Delta t} - s_t}{\Delta t} \tag{9-20}$$

以 s_t 为横坐标、s_t' 为纵坐标将数据点描在坐标系中，利用主固结段的数据，采用宜线拟合的最小二乘法确定参数 b，那么固结系数 C_v 为

$$C_v = \frac{4b}{\pi^2}H^2 \tag{9-21}$$

第 10 章　土的直接剪切试验

第 1 节　概　述

　　直接剪切试验(简称直剪试验)是测定土体抗剪强度的一种常用方法。通常是从地基中某个位置取出土样,制成几个试样,用几个不同的垂直压力作用于试样上,然后施加剪切力,测得剪应力与位移的关系曲线,从曲线上找出试样的极限剪应力作为试样在该垂直压力下的抗剪强度。通过几个试样的抗剪强度确定强度包络线,求出抗剪强度参数 c、φ。本试验可测定黏质土和砂类土的抗剪强度参数。

　　直接剪切试验分为快剪试验、固结快剪试验和慢剪试验。

　　(1)快剪试验是在试样上施加垂直压力后,立即施加水平剪切力。

　　(2)固结快剪试验是在试样上施加垂直压力,待排水固结稳定后,再施加水平剪切力。

　　(3)慢剪试验是在试样上施加垂直压力和水平剪切力的过程中均应使试样排水固结。

　　上述每种方法适用于一定排水条件下的土体。例如,快剪试验适用于在土体上施加垂直压力和剪切过程中都不发生固结排水的情况;固结快剪试验适用于在施加垂直压力下达到完全固结,但在剪切过程中不发生排水固结的情况;慢剪试验适用于在施加垂直压力下达到完全固结稳定,而在剪切过程中孔隙水压力的变化与剪应力的变化相适应的情况。实际上,土体中的应力变化过程相当复杂,在选择试验方法时,应注意所采用的方法尽量反映土的特性和工程所处的工作阶段,并与分析计算方法相适应。

　　直接剪切试验所用仪器结构简单,操作方便,以往实验室均用该试验测定土的抗剪强度指标。直剪仪的最大缺点是不能有效地控制排水条件,剪切面积随剪切位移的增加而减小,因而它的使用受到一定的限制。例如,对于渗透性较大的土,进行快剪试验时,所得的总应力强度指标偏大,因而目前在国外很多国家仅用直剪仪进行慢剪试验。而国内很多单位仍旧采用直剪仪测定强度指标。为此,在《土工试验方法标准》(GB/T 20123—2019)中规定了对渗透系数大于 10^{-6} cm/s 的土不宜做快剪试验,应用三轴不固结不排水试验测定总强度指标。

第 2 节　黏质土的直剪试验

10.2.1　适用范围

　　慢剪试验适用于测定黏质土的抗剪强度指标。

　　快剪试验和固结快剪试验适用于渗透系数小于 10^{-6} cm/s 的黏质土。

10.2.2　仪器设备

(1)直剪仪:采用应变控制式直剪仪,如图 10-1 所示。其由剪切盒、垂直加压设备、剪切传动装置、测力计以及位移量测系统等组成。

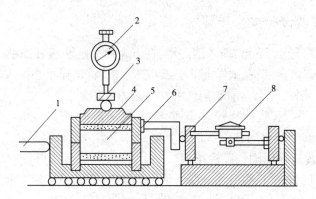

1—推动座;2—垂直位移百分表;3—垂直加荷框架;4—活塞;

5—试样;6—剪切盒;7—测力计;8—测力计百分表。

图 10-1　应变控制式直剪仪示意图

(2)位移量测设备:百分表或传感器。百分表量程为 10 mm,感量为 0.01 mm;传感器的精度为零级。

(3)环刀:内径为 6.18 cm,高 2.0 cm。

(4)其他:切土刀、钢丝锯、滤纸、毛玻璃板、圆玻璃片以及润滑油等。

10.2.3　慢剪试验操作步骤

(1)对准剪切容器上、下盒,插入固定销,在下盒内放透水板和滤纸,将带有试样的环刀刃口向上,对准剪切盒口,在试样上放滤纸和透水板,将试样小心推入剪切盒内。

(2)移动传动装置,使上盒前端钢珠刚好与测力计接触,依次放传压板、加荷框架,安装垂直位移和水平位移量测装置,测记初始读数。

(3)根据工程实际和土的软硬程度施加各级垂直压力,然后向盒内注水。当试样为非饱和土时,应在传压板周围包湿棉花。

(4)施加压力后,每 1 h 测记垂直变形量一次,试样固结稳定标准为:黏质土垂直变形量每 1 h 不大于 0.005 mm。

(5)拔去固定销,以 0.02 mm/min 的剪切速度进行剪切,并每隔一定时间测记百分表读数,直至剪损试样。

(6)试样剪损时间可按式(10-1)估算:

$$t_f = 50t_{50} \tag{10-1}$$

式中　t_f——达到破坏所需经历的时间,min;

　　　t_{50}——固结度达到 50%时所需经历的时间,min。

(7)当测力计百分表读数不变或下降时,继续剪切至剪切位移达 4 mm 时停止,记下试样破坏时的数值。若剪切过程中测力计百分表读数无峰值,应剪切至位移达 6 mm 时停止。

(8)剪切结束后,吸去盒内积水,退掉剪切力和垂直压力,移动加荷框架,取出试样,测定试样的含水率。

10.2.4　固结快剪试验操作步骤

(1)对准剪切容器上、下盒,插入固定销,在下盒内放透水板和滤纸,将带有试样的环刀刃口向上,对准剪切盒口,在试样上放滤纸和透水板,将试样小心推入剪切盒内。

(2)移动传动装置,使上盒前端钢珠刚好与测力计接触,依次放上传压板、加荷框架,安装垂直位移和水平位移量测装置,并调整零点,测记初始读数。

(3)根据工程实际和土的软硬程度施加各级垂直压力,然后向盒内注水。当试样为非饱和土时,应在传压板周围包湿棉花。

(4)施加压力后,每 1 h 测记垂直变形量一次,试样固结稳定标准为:黏质土垂直变形量每 1 h 不大于 0.005 mm。

(5)拔去固定销,以 0.8 mm/min 的剪切速度进行剪切,在 3~5 min 内剪损试样,并每隔一定时间测记百分表读数,直至剪损试样。

(6)试样剪损时间可按式(10-1)进行估算。

(7)当测力计百分表读数不变或下降时,继续剪切至剪切位移达 4 mm 时停止,记下试样破坏时的数值。若剪切过程中测力计百分表读数无峰值,应剪切至位移达 6 mm 时停止。

(8)剪切结束后,吸去盒内积水,退掉剪切力和垂直压力,移动加荷框架,取出试样,测定试样的含水率。

10.2.5　快剪试验操作步骤

(1)对准剪切容器上、下盒,插入固定销,在下盒内放透水板和滤纸,将带有试样的环刀刃口向上,对准剪切盒口,在试样上放滤纸和透水板,将试样小心推入剪切盒内。

(2)移动传动装置,使上盒前端钢珠刚好与测力计接触,依次放上传压板、加荷框架,安装垂直位移和水平位移量测装置,并调整零点,测记初始读数。

(3)根据工程实际和土的软硬程度施加各级垂直压力。对松软试样,垂直压力可分级施加,以防试样被挤出。施加压力后,向盒内注水,当试样为非饱和土时,应在传压板周围包湿棉纱。

(4)施加压力后,拔去固定销,以 0.8 mm/min 的剪切速度进行剪切。

(5)当测力计百分表读数不变或下降时,继续剪切至位移达 4 mm 时停止,记下试样破坏时的数值。若测力计百分表读数无峰值,应剪切至位移达 6 mm 时停止。

(6)剪切结束后,吸去盒内积水,退掉剪切力和垂直压力,移动加荷框架,取出试样,并测定试样的含水率。

10.2.6　数据处理

(1)剪切位移按式(10-2)计算

$$\Delta l = 20n - R \tag{10-2}$$

式中　Δl——剪切位移,0.01 mm;

　　　n——手轮转速;

　　　R——测力计百分表读数。

(2)按式(10-3)计算剪应力

$$\tau = CR \tag{10-3}$$

式中　τ——试样所受的剪应力,kPa,精确至 0.1 kPa;

　　　C——测力计校正系数,kPa/(0.01 mm)。

(3)绘制剪应力与剪切位移的关系曲线 (见图 10-2)。取曲线上剪应力的峰值为抗剪 强度,无峰值时,取剪切位移 4 mm 所对应的剪 应力为抗剪强度。

(4)确定土的抗剪强度指标。

①手工绘图法。

把试验数据点绘在 τ 为纵坐标、Δl 为横坐 标的坐标系中,将数据点连成一条直线。在画 这条直线时,根据最小二乘法原理尽量让落在

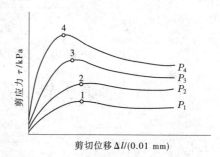

图 10-2　剪应力与剪切位移的关系曲线

直线两边的点数大致相等就可以了。该直线在纵轴上的截距就是黏聚力 c,该直线的倾 角就是土的内摩擦角 φ 。手工绘图法一般根据经验和直观判断,得出的 c、φ 值往往带有 一定的人为性和不确定性。

②利用 Excel 软件确定土的抗剪强度指标。

按照表 10-1 建立工作表,在 B1 单元格输入量力环系数,在 B2:F2 数据区域输入不同 的垂直压力值,在 B3:F3 数据区域输入不同垂直压力对应的破坏时的百分表读数,在 B4 单元格输入公式" = \$ B \$ 1 * B3"。选定 B4 单元格,应用鼠标拖动复制功能下拉至 F4 单 元格,在 B5 单元格输入" =INTERCEPT(B4:F4,B2: F2)"以求黏聚力,在 D5 单元格输入 " = ATAN (SLOPE(B4:F4,B2:F2)) * 180/PI ( )"以求内摩擦角,在 F5 单元格输入" CORREL(B4:F4,B2:F2)"以求相关系数。

表 10-1　相关参数

量力环系数/ [kPa/(0.01 mm)]	1.96	试验方法		固结快剪	
垂直压力/kPa	50	100	200	300	400
破坏时的百分表读数/ (0.01 mm)	25	38	7.09	103.1	135.7
剪应力/kPa	49.0	74.5	139.0	202.1	266.0
黏聚力/kPa	14.7	内摩擦角/(°)	32.0	相关系数 y	0.999 7

单击"图表向导"图标,在"标准类型"中选择"XY 散点图",在"子图表类型"中选择"散点图",之后单击"下一步",在"系列"选项卡"X 值(X)"中填入"= Sheet1！$ B $ 2:$ F $ 2",在"Y 值(Y)"中填入"= Sheet1！$ B $ 4:$ F $ 4",然后单击"确定"按钮;用右键单击数据点,当弹出下拉菜单后,单击"添加趋势线",在其中的"类型"选项卡中选择"线性"类型,最后单击"确定"按钮,得到抗剪强度与垂直压力的关系曲线,见图 10-3。

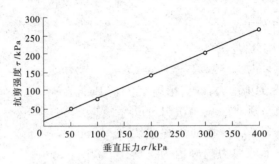

图 10-3　抗剪强度与垂直压力关系曲线

第 3 节　砂类土的直剪试验

10.3.1　适用范围

本试验方法适用于砂类土。

10.3.2　仪器设备

同黏质土的直剪试验。

10.3.3　试样

(1)取过孔径为 2 mm 的筛的风干砂 1 200 g。

(2)将扰动土样进行土样描述,如颜色、土类、气味及夹杂物等。如有需要,将扰动土样充分拌匀,取代表性土样进行含水率测定。

(3)将块状扰动土放在橡皮板上用木碾或粉碎机碾散,但切勿压碎颗粒。当土的含水率较大不能碾散时,应风干至可碾散时。

(4)根据试验所需土样数量,将碾散后的土样过孔径为 2 mm 的筛。若为含有大量粗砂及少量细粒土(泥沙或黏土)的松散土样,应加水润湿松散后,用四分法取出代表性试样。若是净砂,则可用匀土器取代表性试样。

(5)为配制一定含水率的试样,取过孔径为 2 mm 的筛,足够试验用的风干土 1~5 kg,计算所需的加水量。然后将所取土样平铺于不吸水的盘内,用喷雾设备喷洒预计的加水量,并充分拌和,再装入容器内盖紧,润湿 1 昼夜备用(砂类土浸润时间可酌量缩短)。

(6)测定湿润土样不同位置(至少 2 个)的含水率,要求其差值满足含水率测定的允许平行差值要求。

(7)利用不同土层的土样制备混合试样时,应根据各土层厚度,按比例计算相应质量配合比,然后进行扰动土试样制备。

(8)根据预定的试样干密度称取每个试样的风干砂质量,精确至 0.1 g。每个试样的质量按式(10-4)计算:

$$m = V\rho_d \tag{10-4}$$

式中　V——试样体积,cm³;

　　　ρ_d——规定的干密度,g/cm³;

　　　m——每个试样所需风干砂的质量,g。

10.3.4　试验步骤

(1)对准剪切容器上、下盒,插入固定销,放入透水石。

(2)将试样倒入剪切容器内,放上硬木块,用手轻轻敲打,使试样达到预定干密度,取出硬木块,抚平砂面。

(3)拔去固定销,进行剪切试验。剪切速度为 0.8 mm/min,在 3~5 min 内剪损试样,并每隔一定时间测记测力计百分表读数,直至剪损试样。

(4)试样剪损时间可按式(10-1)估算。

(5)当测力计百分表读数不变或下降时,继续剪切至剪切位移为 4 mm 时停止,记下试样破坏时的数值。当剪切过程中测力计百分表无峰值时,剪切至剪切位移达 6 mm 时停止。

(6)剪切结束,吸去盒内积水,退掉剪切力和垂直压力,移动压力框架,取出试样,测定其含水率。

(7)试验结束后,依次卸除加荷框架、钢珠、传压板。清除试样并擦洗干净,以备下次应用。

10.3.5　数据处理

砂类土直剪试验的数据处理同黏质土。

第 4 节　试验应注意的几个问题

10.4.1　垂直压力的大小及固结稳定标准

(1)黏性土的抗剪强度与垂直压力的关系并不完全符合库仑方程的直线关系。对于正常固结土,在一般压力作用下,可以认为是直线关系。但对于超固结土,在选择垂直压力时,应考虑先期固结压力 p_c 值,设计压力不大于先期固结压力时,施加的最大垂直压力应不大于 p_c;设计压力大于先期固结压力时,施加的最大垂直压力应大于 p_c。一次与分级施加垂直压力对土的压缩是有影响的,土的塑性指数愈大,影响也愈大。因此,对于低含水率、高密度的黏性土,垂直压力应一次施加;对于松软的黏性土,为避免试样被挤出,垂直压力宜分级施加。

（2）对固结快剪试验和慢剪试验的试样，在每级垂直压力作用下，应压缩到主固结完成。《土工试验方法标准》(GB/T 50123—2019)的稳定标准为每小时垂直变形量不大于0.005 mm，实际试验时，也可用时间平方根法和时间对数法来确定。

10.4.2　剪切速率

剪切速率是影响土强度的一个重要因素。它从两方面影响土的强度；一是剪切速率对孔隙水压力的产生、传递与消散的影响，即影响土的排水固结强度；二是对黏滞阻力的影响。当剪切速率较高、剪切历时较短时，在黏滞阻力增大，表现出较高的抗剪强度；反之，对黏滞阻力减小，所得的强度降低。在常规试验中，对黏滞阻力的影响通常考虑较少。快剪试验应在 3~5 min 内剪损试样，其目的就是在剪切过程中尽量避免试样的排水固结。然而，对于高含水率、低密度的土或透水性大的土，即使再加快剪切速率，也难免排水固结，所以对于这类土，建议用三轴仪测定不排水强度。

10.4.3　破坏值的选定

土的应力-应变关系曲线一般具有几种类型，破坏值的选定常有两种情况。如剪应力与剪切位移关系曲线（见图 10-4）具有明显峰值或稳定值，如图 10-4 中曲线 1、2 上的 a 点及 b 点，则取峰值或稳定值作为抗剪强度值。若剪应力随剪切位移不断增加而无峰值或无稳定值，如图 10-4 中的曲线 3，则以相应于选定的某一剪切位移对应的剪应力值作为抗剪强度值。一般最大剪切位移为试样直径的 1/15~1/10。对于直径为 61.8 mm 的试样，其最大剪切位移为 4~6 mm，所以规定取剪切位移为 4 mm 对应的剪应力作为抗剪强度值，同时要求试验的剪切位移达 6 mm。实际上，以剪切位移作为选值标准，虽然方法简单，但在理论上是不严格的，因为土发生各种不同类型破坏时的剪切位移是不完全相同的，即使对同一种土，在不同的垂直压力作用下，破坏剪切位移也是不相同的。因此，只有在破坏值难以选取时，才能采用此法。

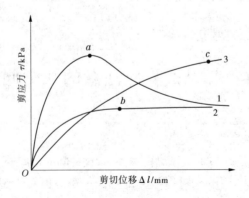

图 10-4　剪应力与剪切位移的关系曲线

第 11 章 土的三轴压缩试验

第 1 节 概 述

11.1.1 试验目的与意义

三轴压缩试验是测定土的抗剪强度的一种方法。在土坡稳定性、地基承载力及土压力等计算中,土的抗剪强度是很重要的指标。土的抗剪强度受许多因素影响,如土的类型、密度、含水率、受力条件、应力历史等。

土体的破坏条件用莫尔-库仑(Mohr-Coulomb)破坏准则表示比较符合实际情况。根据莫尔-库仑破坏准则,土体在各向主应力的作用下,作用在某一应力面上的剪应力 τ 与法向应力 σ 之比达到某一比值(土的内摩擦角的正切值 $\tan\varphi$)时,土体就将沿该面发生剪切破坏,而与作用的各向主应力的大小无关。莫尔-库仑破坏准则的表达式为

$$\frac{\sigma_1 - \sigma_2}{2} = c\cos\varphi + \frac{\sigma_1 + \sigma_2}{2}\sin\varphi \tag{11-1}$$

式中 σ_1、σ_2——大、小主应力,kPa;

c——土的黏聚力,kPa;

φ——土的内摩擦角,(°)。

三轴压缩试验的目的就是根据莫尔-库仑破坏准则测定土的抗剪强度参数,即黏聚力和内摩擦力。常规的三轴压缩试验是取 3~4 个圆柱体试样,分别在其四周施加不同的恒定周围压力(小主应力) σ_3,随后逐渐增加轴向压力(大主应力) σ_1 直至试样破坏。根据试样破坏时的大主应力与小主应力分别绘制莫尔圆,莫尔圆的切线就是剪应力与法向应力的关系曲线,通常以近似的直线表示,其倾角为 φ,在纵轴上的截距为 c,见图 11-1。

剪应力与法向应力的关系用库仑方程表示为

$$\tau = c + \sigma\tan\varphi \tag{11-2}$$

式中 σ——作用于剪切面上的正应力,kPa;

τ,φ——作用在破坏面上的剪应力与法向应力。其与大主应力 σ_1、小主应力 σ_3 及破坏面与大主应力面的倾角 α 具有如下关系:

$$\left.\begin{array}{l}\sigma = \dfrac{1}{2}(\sigma_1 + \sigma_3) + \dfrac{1}{2}(\sigma_1 - \sigma_3)\cos2\alpha \\[2mm] \tau = \dfrac{1}{2}(\sigma_1 - \sigma_3)\sin2\alpha\end{array}\right\} \tag{11-3}$$

式中 $\alpha = 45° + \dfrac{\varphi}{2}$

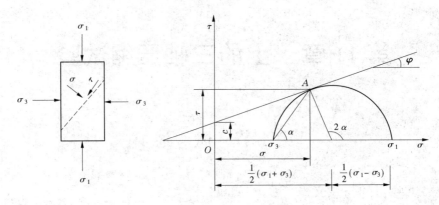

图 11-1   三轴压缩试验中剪应力与法向应力关系

土体是由固结颗粒及其孔隙内的水(或水和气体)所组成的。土体受荷重后,其中剪应力由固体颗粒骨架所承受,而任何面上的法向应力由固体颗粒骨架和孔隙水或气体所承受,即 $\sigma' = \sigma - u$, σ' 称为有效应力, u 称为孔隙压力。土的抗剪强度主要取决于有效应力的大小,可用式(11-4)表达:

$$\tau = c' + (\sigma - u)\tan\varphi' = c' + \sigma'\tan\varphi' \tag{11-4}$$

式中 σ' ——有效黏聚力;

        φ' ——有效内摩擦角。

室内测定抗剪强度的试验方法一般有直接剪切试验、无侧限抗压强度试验和三轴压缩试验。无侧限抗压强度试验是三轴压缩试验中 $\sigma_3 = 0$ 的一种特殊情况。三轴压缩试验与直接剪切试验相比具有以下优点:能控制试样排水条件,受力状态明确,可以控制大、小主应力,剪切面不固定,能准确地测定土的孔隙压力及体积变化。由于具有这些优点,三轴压缩试验得到广泛应用,也使抗剪强度的研究工作获得了很大的进展。然而,三轴压缩试验也存在一定的缺点,如主应力方向固定不变、试验需在轴对称情况下进行,这些与工程实际情况有所不同。为此,目前已发展有平面应变仪、真三轴仪、扭转三轴仪等,能更准确地测定土的强度和研究土的应力-应变关系。

11.1.2   试验类型及应用

根据排水条件不同,三轴压缩试验可分为不固结不排水试验(UU)、固结不排水试验(CU)、固结排水试验(CD),以适用于不同工程条件而进行强度指标的测定。

11.1.2.1   不固结不排水试验

本试验是对试样施加周围压力,即施加轴向压力后,使试样在不固结不排水条件下剪切。该方法适用的条件是土体受力而孔隙压力不消散。当建筑物施工速度快,土的渗透系数较低,而排水条件又差时,为考虑施工期的稳定,可采用 UU 试验。对于天然地层的饱和黏土,用这种方法所测定的 $\varphi_u = 0$, $c_u = (\sigma_1 - \sigma_3)_{max}/2$,所以在总应力的稳定分析中采用 $\varphi = 0$ 的分析法。对于非饱和土,如压实填土、未饱和的天然地层,这种土的强度是随 σ_3 的增加而增加的,当 σ_3 增加到一定值,空气逐渐溶解于水而达到饱和时,其强度不再增加。强度包络线并非直线,因此用总应力方法分析时,应按规定的压力范围选用 c_u、

φ_u。如非饱和的天然地层在预计施工期内可能有雨水渗入或地下水位上升,这会使试样饱和,则试样应在试验前予以饱和。

11.1.2.2　固结不排水试验

本试验是使试样先在某一周围压力作用下排水固结,然后在保持不排水的条件下,增加轴向压力直至试样破坏。在固结不排水试验中不测孔隙压力时,求得的总应力强度参数 c_{cu}、φ_{cu} 可作为总应力分析的强度指标;若测量孔隙压力,则需求得土的有效强度参数 c'、φ',以便进行土体稳定的有效应力分析。该方法相当于地基或土工建筑物建成后,本身已基本固结,但考虑使用期间荷载的突然增加或水位骤降引起土体自重的骤增,或当土层较薄、渗透性较大、施工速度较慢的竣工工程以及先施加垂直荷载而后施加水平荷载的建筑物地基(如挡土墙、船坞、船闸等挡水建筑物)。

正常固结黏土的不排水强度与土层固结压力的比值 c_u/p,如对某种土来讲是一常数,因此正常固结黏土的不排水强度的参数也可用 c_u/p 表示。在稳定分析中可直接用 c_u/p 代替 $\tan\varphi$,在地基加固工程中,若知道土层固结压力 p 即可估算天然土层的强度。

11.1.2.3　固结排水试验

本试验是使试样先在某一周围压力作用下排水固结,然后在排水条件下缓缓增加轴向压力直至试样破坏,主要是为了求得土的有效强度参数 c_d、φ_d。固结排水试验所需时间较长,实际应用中常用 c'、φ' 代替 c_d、φ_d,实际上这两种指标严格来说是有区别的,前者在不排水条件下施加轴向压力的过程中测量孔隙压力,试样体积保持不变,而后者在剪切过程中测量孔隙压力,因此试样排水而导致体积变化,所以两者的应力-应变关系是不相同的。为此,应用有限元计算土工问题时,为了模拟实际工程的排水条件,需用固结排水试验。此法可用于研究砂土地基的承载力或稳定性,也可用于研究黏土地基的长期稳定问题。实践证明,用应力控制式三轴压缩仪做固结排水试验比用应变控制式轴压缩仪简便。除能求得 c_d、φ_d 外其还能用于测定变形指标。

下面分别对上述 3 种试验方法进行阐述。

第 2 节　不固结不排水试验

11.2.1　试验目的和适用范围

(1)不固结不排水试验在施加周围压力和增加轴向压力直至试样破坏过程中均不允许试样排水。

(2)本试验适用于测定细粒土和砂类土的总抗剪强度参数 c_u、φ_u。

11.2.2　仪器设备

(1)三轴压缩仪。应变控制式三轴压缩仪由周围压力系统、反压力系统、孔隙压力测量系统和主机组成(见图 11-2)。

(2)附属设备。附属设备有击样器、饱和器、切土盘、切土器和切土架、分样器、承膜筒和对开圆模等,见图 11-3~图 11-7。

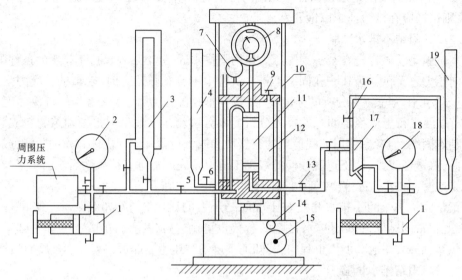

1—调压筒；2—周围压力表；3—体变管；4—排水管；5—周围压力阀；6—排水阀；7—变形量表；
8—量力环；9—排气孔；10—轴向加压设备；11—试样；12—压力室；13—孔隙压力阀；14—离合器；
15—手轮；16—量管阀；17—零位指示器；18—孔隙压力表；19—量管。

图 11-2　应变控制式三轴压缩仪示意图

(3)百分表：量程为 3 cm 或 1 cm，感量为 0.01 mm。

(4)天平：称量为 200 g，感量为 0.01 g；称量为 1 000 g，感量为 0.1 g。

(5)橡皮膜：橡皮膜应具有弹性，厚度应小于橡皮膜直径的 1/100，不得有漏气孔。

11.2.3　试样制备

(1)本试验需 3~4 个试样，分别在不同周围压力下进行试验。

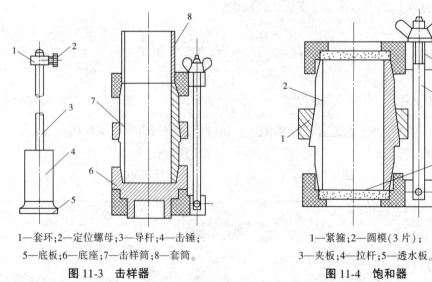

1—套环；2—定位螺母；3—导杆；4—击锤；	1—紧箍；2—圆模(3片)；
5—底板；6—底座；7—击样筒；8—套筒。	3—夹板；4—拉杆；5—透水板。
图 11-3　击样器	**图 11-4　饱和器**

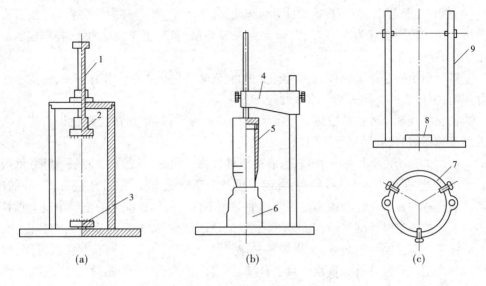

1—轴;2—上盘;3—下盘;4—切土架;5—切土器;
6—土样;7—钢丝架;8—底盘;9—滑杆。

图 11-5　原状土切土盘、切土器和切土架、分样器

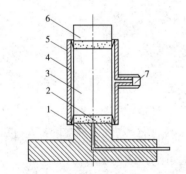

1—压力室底座;2—透水板;3—试样;
4—承模筒;5—橡皮膜;6—上帽;7—吸水孔。

图 11-6　承模筒

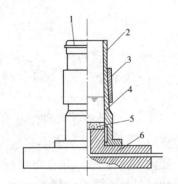

1—橡皮圈;2—橡皮膜;3—紧箍;4—制样圆模
(两片合成);5—透水板;6—压力室底座。

图 11-7　对开圆模

(2)试样尺寸:最小直径为 35 mm,最大直径为 101 mm,试样高度宜为试样直径的 2~2.5 倍,试样的最大粒径应符合表 11-1 的规定。对于有裂缝、软弱面和构造面的试样,试样直径宜大于 60 mm。

表 11-1　试样的土粒最大直径

试样直径 ϕ/mm	允许最大粒径/mm
$\phi < 100$	试样直径的 1/10
$\phi \geqslant 100$	试样直径的 1/10

(3)原状土试样的制备:根据土样的软硬程度,分别用切土盘和切土器按相关规定将其切成圆柱形试样,试样两端应平整,并垂直于试样轴线。当试样侧面或端部有小石子或

凹坑时,允许用削下的余土修整。试样切削时应避免扰动,并取余土测定试样的含水率。

(4)扰动土试样的制备:根据预定的干密度和含水率,按下述方法备样后,在击实器内分层击实。粉质土宜为 3~5 层,黏质土宜为 5~8 层,各层土样数量相等,各层接触面应刨毛。

①将扰动土样进行土样描述,如颜色、土类、气味及夹杂物等。如有需要,将扰动土样充分拌匀,取代表性土样进行含水率测定。

②将块状扰动土放在橡皮板上用木碾或粉碎机碾散,但切勿压碎颗粒。当其含水率较大而不能碾散时,应风干至可碾散。

③根据试验所需土样数量,将碾散后的土样过筛。物理性试验,如液限、塑限、缩限等试验土样,需过孔径为 0.5 mm 的筛;常规水理及力学试验土样,需过孔径为 2 mm 的筛;击实试验土样的最大粒径必须满足击实试验采用不同击实筒试验时的土样中最大颗粒粒径的要求。按规定过标准筛后,取出足够数量的代表性试样,然后分别装入容器内,贴上标签。标签上应注明工程名称、土样编号、过筛孔径、用途、制备日期和制备人员等,以备各项试验之用。若是含有大量粗砂及少量细粒土(泥沙或黏土)的松散土样,应加水润湿松散后,用四分法取出代表性试样。若是净砂,则可用匀土器取代表性试样。

④为配制一定含水率的试样,取过孔径为 2 mm 的筛的足够试验用的风干土 1~5 kg,按式(11-5)计算所需的加水量:

$$m_w = \frac{m}{1 + 0.01\omega_h} \times 0.01(\omega - \omega_h) \tag{11-5}$$

式中　m_w——土试件所需水量,g;

　　　m——风干土含水率时土试件的质量,g;

　　　ω_h——风干土含水率(%);

　　　ω——土试件所要求的含水率(%)。

将所取土样平铺于不吸水的盘内,用喷雾设备喷洒预计的加水量,并充分拌和;然后装入容器内盖紧,润湿一昼夜备用(砂类土浸润时间可酌量缩短)。

⑤测定湿润土样不同位置(至少 2 个)的含水率,要求含水率差值满足含水率测定的允许平行差值要求。

⑥利用不同土层的土样制备混合试样时,应根据各土层厚度,按比例计算相应质量配合比,然后按本方法①~⑥步骤进行扰动土的制备工序。

(5)对于砂类土,应先在压力室底座上依次放上不透水板、橡皮膜和对开圆膜,将砂料填入对开圆膜内,分三层按预定干密度击实。当制备饱和试样时,在对开圆膜内注入纯水至 1/3 高度,将煮沸的砂料分三层填至预定高度,其上放上不透水板、试样帽,扎紧橡皮膜。对试样内部施加 5 kPa 的负压力,使试样能竖立,拆除对开圆膜。

(6)对制备好的试样,量测其直径和高度。试样的平均直径 D_0 按式(11-6)计算:

$$D_0 = \frac{D_1 + 2D_2 + D_3}{4} \tag{11-6}$$

式中　D_1、D_2、D_3——试样上、中、下部位的直径。

11.2.4　试样饱和

11.2.4.1　抽气饱和

(1)将试样削入环刀,而后装入饱和器中。

(2)将装好试样的饱和器放入真空缸内,盖口涂一薄层凡士林,以防漏气。

(3)关闭管夹,打开阀门,启动抽气机,抽除缸内及土中气体。当真空压力表读数达到-101.325 kPa(一个负大气压力值)后,稍微开启管夹,将清水从引水管中徐徐注入真空缸内。在注水过程中,应调节管夹,使真空压力表上的数值基本保持不变。

(4)待饱和器完全淹没于水中后,即停止抽气。将引水管自水缸中提出,使空气进入真空缸内,静待一定时间,借助大气压力使试样饱和。

(5)取出试样称质量,精确至0.1 g,计算饱和度。

11.2.4.2　水头饱和

将试样装于压力室内,施加20 kPa周围压力。使水头高出试样顶部1 m,使纯水从底部进入试样,并从试样顶部溢出,直至流入水量和溢出水量相等。当需要提高试样的饱和度时,宜在水头饱和前,从底部将二氧化碳气体通入试样,置换孔隙中的空气,再进行水头饱和。

11.2.4.3　反压力饱和

当试样要求完全饱和时,应对试样施加反压力。反压力系统与周围压力相同,但应用双层体积变化量管代替排水量管。试样装好后,调节孔隙水压力使其等于101.325 kPa(一个大气压力值),关闭孔隙水压力阀、反压力阀、体积变化量管阀,测记体变管读数。打开周围压力阀,对试样施加10~20 kPa的周围压力,打开孔隙压力阀,待孔隙压力变化稳定后测记其读数,关闭孔隙压力阀。打开体积变化量管阀和反压力阀,同时施加周围压力和反压力,每级增量为30 kPa,缓慢打开孔隙压力阀,检查孔隙水压力增量,待孔隙水压力稳定后,测记孔隙水压力和体变管读数,再施加下一级周围压力和反压力。每施加一级压力都要测定孔隙水压力。当孔隙水压力增量与周围压力增量之比 $\Delta u/\Delta\delta_3 > 0.98$ 时,认为试样达到饱和。

11.2.5　试验步骤

(1)在压力室底座上依次放上不透水板、试样、不透水板和试样帽,在试样外套上橡皮膜,并将橡皮膜两端与底座及试样帽用橡皮圈扎紧。

(2)装上压力室罩,将活塞对准试样中心,并均匀地拧紧底座连接螺母。向压力室内注满纯水,关闭排气阀,压力室内不应有残留气泡,并将活塞对准测力计和试样顶部。

(3)关闭排水阀,打开周围压力阀,施加周围压力,其大小应与工程实际荷载相适应,最大一级围压应与最大实际荷载大致相等。

(4)转动手轮,当测力计有微读数时,表示试样帽与活塞及测力计接触,将测力计和轴向位移计读数调至零位。

(5)选择剪切应变速率,每分钟应变以0.5%~1.0%为宜。

(6)启动电动机,合上离合器开始剪切。试样每产生0.3%~0.4%的轴向应变时,测记1次测力计和轴向变形值。当轴向应变大于3%时,每隔0.7%~0.8%的应变值测记1次测力计读数和轴向变形值。

（7）当测力计读数出现峰值时，剪切应继续进行至超过 5% 的轴向应变为止。当测力计读数无峰值时，剪切应继续进行到轴向应变为 15%～20% 为止。

（8）试验结束后，先关闭周围压力阀，关闭电动机，拨开离合器。然后倒转手轮，打开排气孔，排除受压室内的水，拆除试样，描述试样破坏形状，称量试样质量，并测定试样含水率。

11.2.6　结果整理

（1）轴向应变的计算。

$$\varepsilon_1 = \frac{\Delta h_i}{h_0} \times 100\% \tag{11-7}$$

式中　ε_1——轴向应变值（%）；

Δh_i——剪切过程中的高度变化，mm；

h_0——试样起始高度，mm。

（2）试样校正面积的计算。

$$A_a = \frac{A_0}{1 - 0.01\varepsilon_1} \tag{11-8}$$

式中　ε_1——轴向应变值（%）；

A_a——试样的校正断面面积，cm^2；

A_0——试样的初始断面面积，cm^2。

（3）主应力差（$\sigma_1 - \sigma_3$）的计算。

$$\sigma_1 - \sigma_3 = \frac{CR}{A_\varepsilon} \times 10 \tag{11-9}$$

式中　σ_1——大主应力，kPa；

σ_3——小主应力，kPa；

C——测力计率定系数，N/（0.01 mm）；

R——测力计读数，0.01 mm；

10——单位换算系数。

（4）绘图。以 $\sigma_1 - \sigma_3$ 的峰值为破坏点，无峰值时，取 15% 轴向应变时的主应力差作为破坏点。以法向应力为横坐标，剪应力为纵坐标。在横坐标轴上以 $(\sigma_{1f} + \sigma_{3f})/2$ 对应的点为圆心，以 $(\sigma_{1f} + \sigma_{3f})/2$ 为半径，绘制破坏总应力圆，作各圆的包络线。该包络线的倾角为内摩擦角 φ_u，在纵轴上的截距为黏聚力 c_u 或 c_{cu}，见图 11-8。

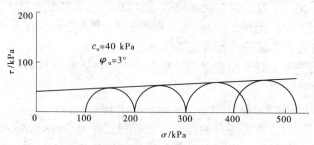

图 11-8　不固结不排水抗剪强度包络线

第 3 节　固结不排水试验

11.3.1　试验目的和适用范围

（1）固结不排水试验是使试样先在某一周围压力作用下排水固结，然后保持在不排水的情况下，增加轴向压力直至试样破坏。

（2）本试验方法适用于测定黏质土和砂类土的总抗剪强度参数 c_{cu}、φ_{cu} 或有效抗剪强度参数 c'、φ' 和孔隙压力系数。

11.3.2　仪器设备

本试验的仪器设备与不固结不排水试验相同。

11.3.3　试验步骤

11.3.3.1　试样安装

（1）打开孔隙水压力阀和排水阀，对孔隙水压力系统及压力室底座充水排气后，关孔隙水压力阀和排水阀。压力室底座上依次放上透水板、滤纸、试样及试样帽。试样周围贴浸湿的滤纸条，套上橡皮膜，将橡皮膜下端与底座扎紧。从试样底部充水，排除试样与橡皮膜之间的气泡，并将橡皮膜上部与试样帽扎紧。降低排水管，使管内水面位于试样中心以下 20~40 cm 处，吸除余水，关闭排水阀。需要测定应力、应变时，应在试样与透水板之间放置中间夹有硅脂的两层圆形橡皮膜，膜中间应留直径为 1 cm 的圆孔排水。

（2）安装压力室罩，充水，关闭排气阀，压力室内不应有残留气泡，并将活塞对准测力计和试样顶部。提高排水管，使管内水面与试样高度的中心齐平，测记排水面处读数。

（3）打开孔隙压力阀，使孔隙水压力等于大气压力，关闭孔隙压力阀。

（4）关闭排水阀，打开周围压力阀，施加周围压力。周围压力值应与工程实际荷载相适应，最大一级周围压力应与最大实际荷载大致相等。

（5）转动手轮，使试样帽与活塞及测力计接触，装上变形百分表，将测力计和变形百分表读数调至零位。

（6）调整轴向压力、轴向应变和孔隙水压力至零点，并记下体变管的读数。

11.3.3.2　试样排水固结

（1）打开孔隙压力阀，测定孔隙水压力。打开排水阀，当需要测定排水过程时，按 0 s、15 s、1 min、2 min、4 min、6 min、9 min、12 min、16 min、20 min、25 min、35 min、45 min、60 min、90 min、2 h、4 h、10 h、23 h、24 h 测记排水管水面处及孔隙压力计读数，直到孔隙水压力消散 95% 以上。固结稳定的标准是最后 1 h 的变形量不超过 0.01 mm。固结完成后，关闭排水阀，测记排水管读数和孔隙水压力值。

（2）微调压力机升降台，使活塞与试样接触，此时轴向变形百分表读数的变化值为试样固结时的高度变化值。

11.3.3.3　试样剪切

（1）转动手轮并转动活塞，使活塞与测力计接触，测读轴向变形值，将测力计调至零位。

（2）选择剪切应变速率，并进行剪切。黏质土每分钟应变为 $0.05\% \sim 0.1\%$，粉质土每分钟应变为 $0.1\% \sim 0.5\%$。

（3）轴向压力、孔隙水压力和轴向变形，应按照下述步骤测记：

①启动电动机，合上离合器，开始剪切，试样每产生 $0.3\% \sim 0.4\%$ 的轴向应变，测记 1 次测力计读数和轴向应变。当轴向应变大于 3% 时，每隔 $0.7\% \sim 0.8\%$ 的应变值测记 1 次测力计的读数和轴向应变值。

②当测力计读数出现峰值时，剪切应继续进行至超过 5% 的轴向应变为止。当测力计读数无峰值时，剪切应继续进行到轴向应变为 $15\% \sim 20\%$ 为止。

11.3.3.4 试验结束

试验结束后，关闭电动机和各阀门，打开排气阀，排除压力室内的水，拆除试样，描述试样破坏形状，称量试样质量，并测定试样含水率。

11.3.4 结果整理

（1）试样固结高度的计算。

$$h_c = h_0 - \Delta h_c \tag{11-10}$$

式中　h_c——试样固结后的高度，cm；

　　　h_0——试样固结后的高度，cm；

　　　Δh_c——试样固结后与固结前的高度变化量，cm。

实测固结下沉计算试样固结后的高度按式（11-11）计算

$$h_c = h_0 \left(1 - \frac{\Delta V}{V_0}\right)^{\frac{1}{3}} \tag{11-11}$$

式中　h_c——试样固结后的高度，cm；

　　　ΔV——试样固结后与固结前的体积变化量，cm^3；

　　　V_0——试样的初始体积，cm^3。

（2）试样固结后面积的计算。

按实测固结下沉计算试样固结后的面积为

$$A_c = \frac{V_0 - \Delta V}{h_c} \tag{11-12}$$

式中　A_c——试样固结后的断面面积，cm^2。

按等应变简化式计算试样固结后的面积为

$$A_c = A_0 \left(\frac{V_0 - \Delta V}{V_0}\right)^{\frac{2}{3}} \tag{11-13}$$

式中　A_c——试样固结后的断面面积，cm^2；

　　　A_0——试样的初始面积，cm^2。

（3）剪切时试样校正面积的计算

$$A_a = \frac{A_c}{1 - 0.01\varepsilon_1} \tag{11-14}$$

$$\varepsilon_1 = \frac{\Delta h_i}{h_c} \times 100\% \tag{11-15}$$

（4）主应力差的计算。

$$\sigma_1 - \sigma_3 = \frac{CR}{A_\varepsilon} \times 10 \tag{11-16}$$

（5）有效主应力比的计算。

$$\frac{\sigma_1'}{\sigma_3'} = \frac{\sigma_1' - \sigma_3'}{\sigma_3'} + 1 \tag{11-17}$$

式中　σ_1'——有效大主应力，$\sigma_1' = \sigma_1 - u$，kPa；

　　　σ_3'——有效小主应力，$\sigma_3' = \sigma_3 - u$，kPa；

　　　u——孔隙水压力，kPa。

（6）孔隙水压力系数的计算。

①初始孔隙水压力系数。

$$B = \frac{u_0}{\sigma_3} \tag{11-18}$$

式中　B——初始孔隙水压力系数；

　　　u_0——初始周围压力产生的孔隙水压力，kPa。

②试样破坏时孔隙水压力系数。

$$A_f = \frac{u_f}{B(\sigma_1 - \sigma_3)_f} \tag{11-19}$$

式中　A_f——试样破坏时的孔隙水压力系数；

　　　u_f——试样破坏时主应力差产生的孔隙水压力，kPa；

　　　$(\sigma_1 - \sigma_3)_f$——主应力差的破坏值，kPa。

（7）绘图。

①绘制主应力差与轴向应变的关系曲线（见图 11-9）。

②绘制有效主应力比与轴向应变的关系曲线（见图 11-10）。

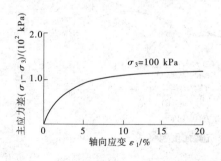 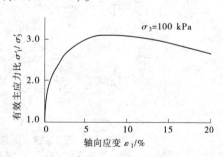

图 11-9　主应力差与轴向应变的关系曲线　　　图 11-10　有效主应力比与轴向应变的关系曲线

③绘制孔隙水压力与轴向应变的关系曲线（见图 11-11）。

④绘制有效应力路径曲线（见图 11-12）。

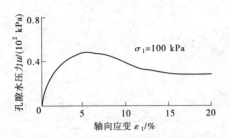

图 11-11　孔隙水压力与轴向应变关系的曲线

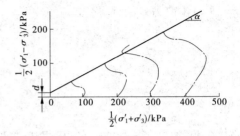

图 11-12　有效应力路径曲线

根据有效应力路径曲线图上直线的倾角及在纵坐标轴上的截距,计算有效内摩擦角 φ' 和有效黏聚力 c'。

$$\left.\begin{aligned}\varphi' &= \arcsin(\tan\alpha) \\ c' &= \frac{d}{\cos\varphi'}\end{aligned}\right\} \tag{11-20}$$

式中　a——有效应力路径曲线上破坏点连线的倾角,(°);

　　　d——有效应力路径曲线上破坏点连线在纵坐标轴上的截距,kPa。

⑤绘制不同周围压力作用下的有效破损应力圆及其强度包络线。

以有效应力 σ' 为横坐标,以剪应力 τ 为纵坐标。在横坐标轴上以 $(\sigma'_{1f}+\sigma'_{3f})/2$ 对应的点为圆心,以 $(\sigma'_{1f}-\sigma'_{3f})/2$ 为半径,绘制不同周围压力作用下的有效破损应力圆后,作各圆的包络线。该包络线的倾角为有效内摩擦角 φ',包络线在纵轴上的截距为有效黏聚力 c',见图 11-13。

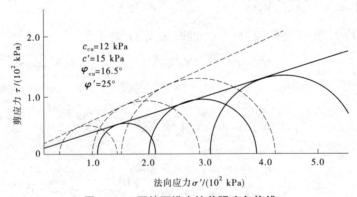

图 11-13　固结不排水抗剪强度包络线

第4节　固结排水试验

11.4.1　试验目的和适用范围

(1)固结排水试验是使试样先在某一周围压力作用下排水固结,然后在允许试样充分排水的情况下增加轴向压力直至试样破坏。

(2)本试验方法适用于测定黏质土和砂类土的抗剪强度参数 c_d、φ_d。

11.4.2　仪器设备

该试验的仪器设备与不固结不排水试验相同。

11.4.3　试验步骤

11.4.3.1　试样安装

(1)打开孔隙压力阀和排水阀,对孔隙水压力系统及压力室底座充水排气后,关闭孔隙压力阀和排水阀。压力室底座上依次放上透水板、滤纸、试样及试样帽。试样周围贴浸湿的滤纸条,套上橡皮膜,将橡皮膜下端与底座扎紧。从试样底部充水,排除试样与橡皮膜之间的气泡,并将橡皮膜上部与试样帽扎紧。降低排水管,使管内水面位于试样中心以下 20~40 cm 处,吸除余水,关闭排水阀。需要测定应力、应变时,应在试样与透水板之间放置中间夹有硅脂的两层圆形橡皮膜,膜中间应留直径为 1 cm 的圆孔排水。

(2)安装压力室罩,充水,关闭排气阀,压力室内不应有残留气泡,并将活塞对准测力计和试样顶部。提高排水管,使管内水面与试样高度的中心齐平,测记排水面处读数。

(3)打开孔隙压力阀,使孔隙水压力等于大气压力,关闭孔隙压力阀。

(4)关闭排水阀,打开周围压力阀,施加周围压力。周围压力值应与工程实际荷载相适应,最大一级周围压力应与最大实际荷载大致相等。

(5)转动手轮,使试样帽与活塞及测力计接触,装上变形百分表,将测力计和变形百分表读数调至零位。

(6)调整轴向压力、轴向应变和孔隙水压力至零点,并记下体积变化量管的读数。

11.4.3.2　试样排水固结

(1)打开孔隙压力阀,测定孔隙水压力。打开排水阀,当需要测定排水过程时,按 0 s、15 s、1 min、2 min、4 min、6 min、9 min、12 min、16 min、20 min、25 min、35 min、45 min、60 min、90 min、2 h、4 h、10 h、23 h、24 h 测记排水管水面处读数及孔隙水压力值,直至孔隙水压力消散 95% 以上。固结稳定的标准是最后 1 h 的变形量不超过 0.01 mm。固结完成后,关闭排水阀,测记排水管读数和孔隙水压力值。

(2)微调压力机升降台,使活塞与试样接触,此时轴向变形百分表读数的变化值为试样固结时的高度变化值。

11.4.3.3　试样剪切

(1)将轴向测力计、轴向变形百分表和孔隙压力表读数均调整至零位,打开排水阀。

(2)选择剪切应变速率,进行剪切。剪切速率采用每分钟应变 0.003%~0.012%。

(3)轴向压力、孔隙水压力和轴向变形,应按照下述步骤测记。

①启动电动机,合上离合器,开始剪切,试样每产生 0.3%~0.4% 的轴向应变,测记 1 次测力计读数和轴向应变。当轴向应变大于 3% 时,每隔 0.7%~0.8% 的应变值测记 1 次测力计和轴向变形百分表读数。

②当测力计读数出现峰值时,剪切应继续进行至超过 5% 的轴向应变。当测力计读数无峰值时,剪切应继续进行到轴向应变为 15%~20%。

11.4.3.4 试验结束

试验结束后关闭电动机和各阀门,打开排气阀,排除压力室内的水,拆除试样,描述试样破坏形状,称量试样质量,并测定试样含水率。

11.4.4 结果整理

(1)试样固结高度的计算。

$$h_c = h_0 - \Delta h_c \tag{11-21}$$

按实测固结下沉计算试样固结后的高度为

$$h_c = h_0 \left(1 - \frac{\Delta V}{V_0}\right)^{\frac{1}{3}} \tag{11-22}$$

式中　h_c——试样固结后的高度,cm;

h_0——试样固结前的高度,cm;

ΔV——试样固结后与固结前的体积变化量,cm^3;

V_0——试样的初始体积,cm^3。

(2)试样固结后面积的计算。

按实测固结下沉计算试样固结后的面积为

$$A_c = \frac{V_0 - \Delta V}{h_c} \tag{11-23}$$

按等应变简化式计算试样固结后的面积为

$$A_c = A_0 \left(\frac{V_0 - \Delta V}{V_0}\right)^{\frac{2}{3}} \tag{11-24}$$

式中　A_c——试样固结后的断面面积,cm^2;

A_0——试样的初始断面面积,cm^2。

(3)剪切时试样校正面积的计算。

$$A_a = \frac{V_c - \Delta V_i}{h_c - \Delta h_i} \tag{11-25}$$

式中　ΔV_i——剪切过程中试样的体积变化量;

Δh_i——剪切过程中试样的高度变化量。

①轴向应变按式(11-26)计算:

$$\varepsilon_1 = \frac{\Delta h_i}{h_c} \times 100\% \tag{11-26}$$

式中　ε_1——轴向应变值(%);

Δh_i——剪切过程中试样的高度变化量,mm;

h_c——试样固结后的高度,mm。

②试样的校正面积按式(11-27)计算:

$$A_a = \frac{A_c}{1 - 0.01\varepsilon_1} \tag{11-27}$$

式中　A_a——试样的校正断面面积，cm^2；

　　　A_c——试样的初始断面面积，cm^2。

（4）主应力差的计算。

$$\sigma_1 - \sigma_3 = \frac{CR}{A_\varepsilon} \times 10 \qquad (11\text{-}28)$$

（5）有效主应力比的计算。

$$\frac{\sigma_1'}{\sigma_3'} = \frac{\sigma_1' - \sigma_3'}{\sigma_3'} + 1 \qquad (11\text{-}29)$$

式中　σ_1'——有效大主应力，$\sigma_1' = \sigma_1 - u$，kPa；

　　　σ_3'——有效小主应力，$\sigma_3' = \sigma_3 - u$，kPa；

　　　u——孔隙水压力，kPa。

（6）孔隙水压力系数的计算。

①初始孔隙水压力系数。

$$B = \frac{u_0}{\sigma_3} \qquad (11\text{-}30)$$

式中　B——初始孔隙水压力系数；

　　　u_0——初始周围压力产生的孔隙水压力，kPa。

②试样破坏时孔隙水压力系数。

$$A_f = \frac{u_f}{B(\sigma_1 - \sigma_3)_f} \qquad (11\text{-}31)$$

式中　A_f——试样破坏时的孔隙水压力系数；

　　　u_f——试样破坏时主应力差产生的孔隙水压力，kPa；

　　　$(\sigma_1 - \sigma_3)_f$——主应力差的破坏值，kPa。

（7）绘图。

①绘制主应力差与轴向应变的关系曲线；

②绘制主应力比与轴向应变的关系曲线；

③绘制不同周围压力作用下的有效破损应力圆及其强度包络线（见图 11-14），绘图方法与固结不排水剪试验相同。

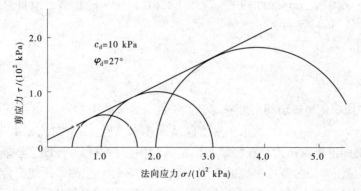

图 11-14　固结排水抗剪强度包络线

第 5 节　土的三轴压缩试验总结

11.5.1　不同试验方法下三轴压缩仪阀门的开关状态

不同试验方法下三轴压缩仪阀门的开关状态及强度参数如表 11-2 所示。

表 11-2　各阀门的开关状态及强度参数

试验方法	体变管阀	排水阀	周围压力阀	孔隙压力阀	量管阀	强度参数
UU 试验	关	关	开	关	关	c_u、φ_u
CU 试验	关	关	开	关	关	c_{cu}、φ_{cu}
CD 试验	开	开	开	开	关	c_{uu}、φ_{uu}

11.5.2　资料整理

试样固结后的高度、面积、体积及剪切时的面积可按表 11-3 中的公式计算。

表 11-3　高度、面积、体积计算表

项目	起始	固结后		剪切时校正值
		按实测固结下沉计算	按等应变简化式计算	
试样高度/cm	h_0	$h_c = h_0 - \Delta h_c$	$h_c = h_0\left(1-\dfrac{\Delta V}{V_0}\right)^{\frac{1}{3}}$	
试样面积/cm²	A_0	$A_c = \dfrac{V_0 - \Delta V}{h_c}$	$A_c = A_0\left(1-\dfrac{\Delta V}{V_0}\right)^{\frac{2}{3}}$	$A_a = \dfrac{A_0}{1-0.01\varepsilon_1}$（不固结不排水剪切） $A_a = \dfrac{A_c}{1-0.01\varepsilon_1}$（固结不排水剪切） $A_a = \dfrac{V_c - \Delta V_i}{h_c - \Delta h_i}$（固结排水剪切）
试样体积/cm³	V_0	$V_c = h_c A_c$		

注:Δh_c 为固结下沉量,cm;ΔV 为固结排水量,mL;ΔV_i 为固结排水试验中剪切时的试样体积变化,mL;ε_1 为轴向应变,%(不固结不排水试验 $\varepsilon_1 = \Delta h_i/h_0$,固结不排水和固结排水试验 $\varepsilon_1 = \Delta h_i/h_c$);$\Delta h_i$ 为剪切时试样的轴向变形量,cm。

11.5.3　注意事项

(1)轴向加荷速率即剪切应变速率,是三轴压缩试验中的一个重要问题。它不仅关系到试验的历时,还影响试验成果。对不固结不排水试验,因不测孔隙水压力,在通常的速率范围内对强度影响不大。在固结不排水试验中,对不同的土类应选择不同的剪切应变速率,目的是使剪切过程中形成的孔隙水压力均匀增加,能测得比较符合实际的孔隙水压力。三轴固结不排水试验中,在试样底部测定孔隙水压力在剪切过程中,试样剪切区的孔隙水压力是通过试样或滤纸条逐渐传递到试样底部的。这需要一定时间,若剪切应变速率较快,试样底部的孔隙水压力将产生明显的滞后,测得的数值偏低。因为黏土和粉土的渗透系数不同,所以需要规定不同的剪切应变速率。固结排水试验的剪切应变速率对试验结果的影响,主要反映在剪切过程中是否存在孔隙水压力,剪切应变速率较快,孔隙水压力得不到完全消散就不能得到真实有效的强度指标,所以一定要选择缓慢的剪切应变速率。

（2）绘制应力圆时,需根据破坏标准选取代表性试样破坏时的应力。对破坏值的选择是正确选用抗剪强度参数的关键。从实践的情况来看,以主应力差的峰值作为破坏标准是可行的,而且易被接受,然而有些土类很难选择到明显的峰值,因为不同土类的破坏特性不同,不能用同一种标准来选择破坏值。当主应力差无峰值时,采用应变为15%时的主应力差作为破坏值。以上两种标准也是国际上普遍采用的标准,目前也有绘制有效应力路径来表示试样的破坏过程。所谓有效应力路径,是三轴压缩试验过程中试样的应力变化轨迹,可用总应力或有效应力表示,实际应用中常以 $(\sigma'_1 - \sigma'_3)/2$ 为纵坐标、$(\sigma'_1 + \sigma'_3)/2$ 为横坐标表示。用有效应力路径表示试样的破坏过程,有助于分析剪切过程中发生的变化,如剪胀性、土体的超固结程度。为了能正确选取强度参数,在提供三轴压缩试验成果时,应根据工程的具体要求或按土的实际破坏特征取值。

（3）三轴压缩试验中试样是用橡皮膜与液体隔离的。橡皮膜对试验的影响包括两方面,一是它的约束作用使试样的强度增大,二是膜的渗漏改变试样的含水率。对于第一个问题,国内外都做过研究,但结论不一致。实际上影响究竟多大,应根据试验所用的土质和精确度要求以及橡皮膜本身性能而定。实践证明,橡皮膜的约束作用对土的脆性破坏影响高于塑性破坏,不仅影响试样的强度值,还影响试样的破坏方式。在实际工程中是否对其进行校正,必须按试验的目的与要求确定。校正的方法有计算法和实测法两种。对于第二个问题,根据研究,对周围压力不大的常规短期（如一日内完成）试验可不考虑。若为精确度要求高的长期试验。可在试样外套两层橡皮膜,校正其约束作用的影响。

第12章　无侧限抗压强度试验

第1节　概　述

无侧限抗压强度是指试样在无侧向压力条件下,抵抗轴向压力的极限强度。此时土样的小主应力 $\sigma_3 = 0$,而大主应力 σ_1 的极限值即为无侧限抗压强度 q_u,可由式(12-1)表示:

$$\sigma_1 = q_u = 2c\tan\left(45° + \frac{\varphi}{2}\right) \tag{12-1}$$

对于干硬性土,试样在破坏时,可能出现明显的剪裂面,并能测出裂面与垂直线间的夹角 α。对于饱和黏土,因加压时土样内孔隙水来不及排出,剪切面上的有效压力为零,土粒间摩阻力不发生作用,故 $\varphi = 0$、黏聚力 $c = \varphi = \dfrac{q_u}{2}$。

12.1.1　试验目的与原理

无侧限抗压试验是三轴压缩试验的一个特例,即周围压力 $\sigma_3 = 0$ 的三轴试验,又称单轴试验。一般用于测定饱和软黏土的无侧限抗压强度及灵敏度。

试验中将试样置于不受侧向限制(无侧向压力)的条件下进行的强度试验,此时试样的小主应力为零,而大主应力(轴向压力)的极限值为无侧限抗压极限强度。由于试样侧面不受限制,这样求得的抗剪强度值比常规三轴不排水抗剪强度值略小。

12.1.2　试验方法和适用范围

采用应变控制法,一般情况下适用于饱和软黏土。

第2节　室内试验

12.2.1　仪器设备

(1)应变控制式无侧限压缩仪:由量力环、加压框架、升降设备组成,如图12-1所示。

(2)轴向位移计:量程10 mm、精度0.01 mm的百分表或准确度为全量程0.2%的位移传感器。

(3)其他:卡尺、削土刀、钢丝锯、秒表等。

12.2.2　操作步骤

(1)试样制备(以原状土为例):将原状土样按天然层次的方向安放在桌面上,用削土

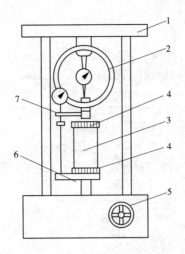

1—轴向加压框架;2—轴向量力环;3—试样;4—上、下传压板;

5—手轮或电动转轮;6—升降板;7—轴向位移计。

图 12-1　应变控制式无侧限压缩仪示意图

刀或钢丝锯削成稍大于试样直径的土柱,放入切土盘的上下圆盘之间,按土样直径要求,调整活动杆后固定。用钢丝锯或削土刀,沿竖杆由上往下细心切削,边切削边转动圆盘,直至切成所需要的直径。然后取试样,按要求的高度削平两端。端面要平整并与侧面垂直,上下均匀。在切削过程中,若试样表面遇圆砾石而形成孔洞,允许用土填补。试样直径可采用 3.5~4.0 cm,试样高度与直径之比应按土的软硬情况采用 2~2.5。

(2)将切好的试样立即称重,准确至 0.1 g,并用卡尺测量试样高度及上、中、下各部位直径,按式(12-2)计算平均直径:

$$D_0 = \frac{D_1 + 2D_2 + D_3}{4} \tag{12-2}$$

式中　D_1、D_2、D_3——试样上、中、下各部位的直径,cm。

(3)安装试样:将试样两端涂抹一层凡士林,在气候干燥时,试样周围也需要抹一薄层凡士林,防止水分蒸发。将试样放在底座上,转动手轮,使底座缓慢上升,试样与传压板刚好接触(量力环量表微动),将量力环量表调零。

(4)测记读数:以每分钟轴向应变为 1%~3% 的速度(5 s/rad)转动手轮,使升降设备上升而进行试验。每隔一定应变(手轮每转两转),测记量力环读数,试验宜在 8~10 min内完成。当量力环读数出现峰值时,继续进行 3%~5% 的应变后停止试验;当读数无峰值时,试验进行到应变达 20% 时止。对于重塑土,当需要测定灵敏度时,应立即将破坏后的试样除去涂有凡士林的表面,加少许余土,包于塑料薄膜内用手搓捏,破坏其结构,放入重塑筒内定型,用金属垫板将试样塑成与原状土样相同(尺寸、密度等),然后按上述步骤进行试验。

(5)试验结束后,迅速反转手轮,取下试样,描述破坏后的试样形状。

12.2.3　结果整理

12.2.3.1　试验记录

试验数据可按表 12-1 进行记录。

表 12-1　无侧限抗压强度试验数据记录表

工程名称：　　　　　　　土样面积：$A_0 =$ ＿＿＿ cm^2　　　　　试验者：

土样编号：　　　　　　　土样直径：$D_0 =$ ＿＿＿ mm　　　　　计算者：

起始高度：$h_0 =$ ＿＿＿ mm　　测力计率定系数：$C =$ ＿＿＿ N/0.01 mm　　试验日期：

土状	竖向量表读数/ mm	测力计读数 R/mm	轴向变形 Δh/mm	轴向应变 ε/%	校正后面积 A_a/ cm^2	轴向荷重 P/N	无侧限抗压强度 $q_u(q'_u)$/ kPa	灵敏度
	①	②	③	$\dfrac{\Delta h}{h_0}$	$\dfrac{A_0}{1-0.01\varepsilon}$	$C\times$②	$\dfrac{P}{A_a}\times 10$	$S_t = \dfrac{q_u}{q'_u}$
原状土								
重塑土								

12.2.3.2　计算

（1）轴向应变

$$\left.\begin{array}{l} \varepsilon = \dfrac{\Delta h}{h_0} \\ \Delta h = n \times \Delta L - R \end{array}\right\} \tag{12-3}$$

式中　ε——轴向应变(%)；

　　　h_0——试验前试样高度，mm；

　　　Δh——轴向变形，mm；

　　　n——手轮转数；

　　　ΔL——手轮每转一周，下加压板上升高度，mm；

　　　R——量力环量表读数，mm。

（2）试样面积校正

$$A_a = \dfrac{A_0}{1-\varepsilon} \tag{12-4}$$

式中　A_a——校正后试样面积，cm^2；

　　　A_0——试验前试样面积，cm^2。

（3）试样所受轴向应力

$$\sigma = \dfrac{C \cdot R}{A_a} \times 10 \tag{12-5}$$

式中　σ——轴向应力,kPa;

　　　C——量力环百分表率定系数,N/0.01 mm;

　　　R——量力环百分表读数,以 0.01 mm 计。

12.2.3.3　绘图

以轴向应变 ε 为横坐标,以轴向应力 σ 为纵坐标,绘制 σ-ε 关系曲线,如图 12-2 所示。取曲线上最大轴向应力作为无侧限抗压强度 q_u;当曲线上峰值不明显时,取轴向应变 15% 所对应的轴向应力作为 q_u。

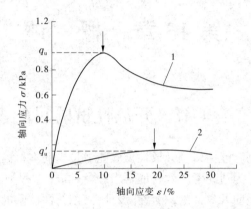

1—原状试样;2—重塑试样。

图 12-2　σ-ε 关系曲线

12.2.4　试验注意事项

(1)测定无侧限抗压强度时,要求在试验过程中含水量保持不变。

(2)破坏标准:①量表读数不再增大,3 个以上读数不变;②量表读数后退;③如该读数无稳定值,则试验应进行到轴向应变达 20% 时止。

在试验中如果不具有峰值及稳定值,选取破坏值时按应变 15% 所对应的轴向应力为抗压强度。

(3)需要测定灵敏度,重塑土样的试验应使用破坏后的试样立即进行。

12.2.5　分析思考

(1)试验中为什么要控制剪切时间和应变速率?

(2)为什么重塑土要立即进行试验?

(3)试样的高度和直径之比会影响无侧限抗压强度试验值吗?

(4)为什么要减少试样与加压板之间的摩擦力? 如何减少?

(5)试样受压破坏时如何确定破坏值?

第 2 部分　开放性试验

第 13 章　概　述

第 1 节　开放性试验目的

全面培养学生的创新能力以及开放性试验能力是当前本科高校工程类专业试验教学改革的主要目标之一。为适应素质教育的要求,本科高校工程类专业的试验课程正经历着从单一型的验证试验向开放性的综合性、设计性、创新性试验的变革过程。开放性试验是指试验内容涉及本课程的综合知识或多方面知识的试验。综合性试验是对学生进行试验技能和方法的综合训练,其试验内容必须满足下列条件之一:涉及本课程的多个知识点,涉及多门课程的多个知识点和多项试验内容。它是建立在多个验证性试验的基础上,让学生们运用相关理论知识和试验手段对所学理论、试验技能与思维方式进行全面训练的实践性环节。因此,开放性试验具有内容的复合性、试验方法的多样性、试验手段的多元性和人才培养目标的综合性等特点。

目前,国内高校开展的土力学试验受试验课时较少、仪器设备有限及师资力量不足等的限制,开设的土力学试验教学内容一般以单一型的验证性试验为主,而培养学生综合能力、创新能力的综合性、设计性、创新性试验较少。试验教学完成后,学生不知道各个试验的相互联系和试验结果的工程应用。为此,需要结合工程实际开展土力学综合性、设计性和创新性试验,培养土木工程相关专业学生的实践能力,使其接受工程设计和科学研究方法的初步训练,加强对其实践能力、综合能力和创新能力的培养,为今后的工作打下了坚实的基础。

第 2 节　开设开放性试验的保障条件

13.2.1　硬件条件

开放实验室的硬件条件主要是仪器设备和试验场地,为便于管理和避免与基础试验的相互影响,最好成立单独的开放实验室。

13.2.2 软件条件

13.2.2.1 建立相关的管理制度

开放实验室要面对的群体与基础试验课相比大为不同,试验类型各异,同时仪器设备的管理维护等工作给实验室的管理带来了一定的难度。由于大学生课程较多,开放性试验一般是在课余时间或节假日进行的,试验时间要满足学生对试验的要求,让试验者在时间上有一定的选择余地。实验室应该开放,开放形式可根据情况采取全天开放、预约开放、阶段开放、定期开放等形式。因此,实验室开放需要有强有力的保障措施,制定实验室安全与环境保护条例、实验室规则、学生试验守则、仪器设备管理办法、实验室开放管理办法等完善的规章制度,以确保开放实验教学的顺利开展。学生进入实验室做试验均需填写试验记录表,使用仪器设备需要填写仪器设备使用记录表,严格遵守实验室的规章制度,爱护试验仪器设备,保证安全、有序、规范、文明地进行试验。

13.2.2.2 建立开放性试验教学平台

由于试验教学内容较多,基础试验和开放性试验有时同时进行,为了高效地进行试验教学管理开放性试验教学平台应建立试验教学综合管理信息系统。试验教学综合管理信息系统主要有综合信息发布、教学资源管理、教学体系管理、课程体系管理、学生试验门户、学生成绩管理、学生试验考核、仪器设备管理、试验过程管理、系统安全管理、教师教学考核等功能,满足开放性试验的试验教学管理需要,提高试验平台各种资源的综合效益。试验中心将开放性试验信息公布于网站上。学生可以登录该系统预约试验,试验指导教师可以通过该系统了解试验预约情况,以安排试验的各种准备工作。

(1)教学资源管理。

教学资源管理的内容主要有试验任务、试验预习、试验范例、参考资料、报告批阅等。试验任务包括试验任务书、试验指导书、试验视频等。试验预习内容包括基础知识、重点知识、试验方法等。试验范例有图文范例和视频范例。参考资料有试验所需的图书资料、参考网站和相关软件。报告批阅有预习批阅、报告批阅和成绩统计。

(2)学生预约系统。

学生完成试验预习后,要进入预习答卷,电脑自动阅卷,只有成绩通过后才能进入预约系统。选课学生输入学号和个人密码,进入登录系统界面,即可浏览本学期所有开放性试验,进行试验预约,查询个人预约情况,下载试验课件、试验设备说明、试验数据处理软件及试验报告格式等。

(3)教师管理系统。

试验工作人员认真遴选开放性试验内容,登录系统制订开放计划,设定开放日期、申请限额等参数,上传试验课件、试验设备说明、试验报告。试验前登录试验中心管理系统,点击开放性试验申请,指导教师可以了解开放性试验的申请情况,根据学生人数申请试验耗材,准备试验。试验完成后,登录系统,指导教师可以批阅学生提交的试验研究报告,并输入学生试验成绩。

13.2.3　政策支持

(1)建立健全的开放性试验教学考核激励机制,合理核算开放性试验教学工作量,在岗位津贴、职称评聘等方面给予政策倾斜。

(2)将实验室开放纳入目标管理和教学评估的范畴,把实验室开放工作水平作为考核的重要指标。

(3)将课外开放性试验纳入本科培养方案,鼓励学生发展个性,参加科学研究。学生参加课外开放性试验,经考核达到要求者可申请课外学分,在保送研究生方面给予加分。

第3节　开放性试验实施步骤

13.3.1　精选试验课题

开放性试验是通过选择综合性、设计性、研究探索性课题,在指导教师的辅导下,在实验室自主进行试验的一种试验教学形式,是培养大学生动手操作能力、组织能力、分析能力和创新能力等综合素质的重要途径。开放性试验课题要根据学生已掌握的专业知识和已具备的试验能力来确定。课题既要有一定的深度和广度,又要有一定的探索性、实用性和趣味性。如果所选课题内容过于复杂,学生感觉无从下手或耗费过多的时间,则容易挫伤学生的积极性;如果所选课题内容太容易,会影响学生探索精神的发展和创新性思维的培养。结合工程实践选择的试验课题,有利于锻炼学生分析问题和解决工程实际问题的能力,使他们真正体会到学以致用的乐趣。开放性试验课题的来源主要有以下几种形式。

13.3.1.1　国家大学生创新性试验计划项目

其主要面向全日制本科二、三年级学生,申请者需成绩优秀、实践动手能力强,对科学研究、科技活动或社会实践有浓厚兴趣,具有一定创新意识和研究探索精神,具备从事科学研究的基本素质和能力。申请者可以是个人,也可以是团队。鼓励学科交叉融合,鼓励跨院系、跨专业,以团队形式联合申报。个人或创新团队在导师的指导下,自主选题。按照"公开立项、自由申报、择优资助、规范管理"的程序,重点资助思路新颖、目标明确、具有创新性和探索性、研究方案及技术路线可行、实施条件可靠的项目。

13.3.1.2　学校设立的大学生实验室开放基金项目

个人或创新团队,在导师的指导下,根据所学专业知识和兴趣爱好,自主选题,每学年申报一次。填写"实验室开放基金项目申报表",填写内容主要包括:试验项目与所学课程的关联性,试验项目的研究意义及该试验的国内外研究进展,试验项目的创新点,试验方案设计及经费预算。由学校组织专家评审,评审通过的开放性试验项目汇总后在网上公布。

13.3.1.3　二级学院设立的大学生实验室开放基金项目

二级学院设立的大学生实验室开放基金项目实行申报制,每学期申报一次。每个实验室根据其开展的科研项目或者生产项目,通过总结,提炼出一定数量的、切实可行的、有特色的、高层次的创新试验项目,向学院或试验教学中心提出开放性试验项目申请。由学院组织专家评审,评审通过的开放性试验项目汇总后在网上向学生公布,供学生选择。

13.3.1.4 教师科研项目中精选的开放性试验项目

有科研项目的教师根据学生已掌握的专业知识和具备的试验能力,结合自己的科研项目,确定具有一定探索性和实用性的试验项目,吸收部分优秀学生参与科学试验。学生在教师的指导下完成开放性试验,既帮助老师完成科研项目,又培养了自身的探索精神和创新性思维能力。

13.3.1.5 学生自主制定的开放性试验项目

学生根据已学的专业知识和试验技能,结合自己的兴趣,确定一个既有科学性又有一定开放性的试验项目。学生利用图书馆及 Internet 查阅资料,确定试验研究内容,分析该试验的国内外研究现状,并制订详细的试验方案,填写开放性试验申请表后,可直接向实验室提出申请,经实验室主任同意、报学院备案后就可以开展开放性试验。

13.3.2 制订试验方案

试验方案体现了研究方向和试验目的,为了充分发挥学生的主观能动性,试验方案由学生自己设计。方案制订前,本科生在老师的指导下,学会 CNKI、EI、Elsevier Science 等专业数据库的使用方法,通过查阅与课题有关的资料,了解国内外研究动态,学会运用资料为研究服务,培养自身的自主学习能力,然后制订详细的试验方案。试验方案内容主要包括:试验目的、试验方法、基本原理、试验步骤,所需要的仪箱、设备及其技术指标,试验数据整理与分析方法及时间安排等。

指导教师根据学生自主制订的试验方案进行评述,由浅入深地进行引导。对于正确的试验方案,引导学生思考是否还有更加合理的方案;对于设计有误的和不完善的方案,教师通过质疑的方式循循善诱,使学生知道方案的错误和不完善之处,并引出正确的方案。教师扮演课题的指导者和参与者的角色。

13.3.3 试验项目的组织实施

试验项目小组一般由本科学生 3～5 人自由组合成项目团队,并选定指导教师。其中,学生是项目的主体,指导教师只是给予适当的辅导和指引,在关键的环节上给予建议和把关,而具体的设计和实践环节则由学生自己来完成。由试验小组成员确定组长,组长组织分配各成员的任务。各成员通过通力协作与独立操作的方式来共同完成所选试验项目。学生在开始试验前,要有目的地查阅文献资料,登录试验教学综合管理信息系统了解每个试验的操作步骤、仪器性能、注意事项及数据处理方法,根据课余时间或节假日预约试验时间,然后按试验方案进行试验。试验过程中,教师给予必要的指导和启发,启发学生的创造性思维,结合学生所学的理论知识,将其引导到科学思维的轨道上,从而有效地解决试验过程中出现的各种问题。同时,教师还应鼓励学生大胆实践,树立自信心,培养解决实际问题的能力。这种教学模式既可发挥教师的指导作用,又能充分体现学生的认知主体作用。在整个试验过程中,教师要转变角色,由权威的知识传授者转变为课题的开发者和过程的组织者、指导者和参与者。教师应重视激发和挖掘学生的创新思维潜能,引导学生大胆创新、敢于质疑,发现试验过程中出现的问题。当学生在试验过程中遇到问题时,教师不要急于告诉学生如何解决问题,而应鼓励学生自己找出合理的解释和解决问题的方法。教师以平等的身份参与到学生的试验中,构建民主、平等、合作的新型师生关系。

第4节　撰写研究报告或科研论文

试验结束后,学生应分析试验现象,对试验数据进行分析处理。虽然每个试验小组的试验相同,但要求人人都对试验结果进行分析处理,这样参与开放性试验的每一个同学都得到了锻炼。学生根据试验成果进行归纳总结,完成一篇创新性试验研究报告或科研论文。创新性试验研究报告或科研论文是综合性试验的一个重要组成部分,是培养学生科技写作能力的一种训练,应力求简洁、语句通顺。科研论文按照论文格式进行撰写。试验报告应包括以下内容:

(1)封面。封面包括试验项目名称、试验课程名称、专业、年级、姓名、学号、试验日期和指导教师等信息。

(2)试验目的。

(3)试验要求。

(4)试验方案。

(5)试验原理。

(6)仪器设备。

(7)试验材料。

(8)试验步骤。

(9)试验结果及分析。

(10)结论。

(11)参考文献。

(12)收获、体会、意见和建议。

(13)指导教师评语。

第5节　建立多元化的试验考核方法

试验考核是试验教学的指挥棒,直接影响人才培养的质量。试验中心应高度重视试验考核方法的改革,采取综合能力量化的考核方式。试验的考核,主要考核学生掌握理论知识是否全面,查阅文献是否广泛,制订的试验计划和试验步骤是否科学,试验记录完成情况、报告格式和图表是否规范,对试验现象和结果的分析是否准确,讨论问题是否透彻,能否提出自己的科学见解。除在考核试验结果中体现共性外,对于不同的试验还要考核学生的创新能力和分析问题的能力。考核既要体现学生对相关专业知识的掌握程度,又要着重考察学生的科学素养和分析问题、解决问题的能力。综合考核后,根据试验完成所需试验学时,给予学生2~3个课外学分。

第 14 章　开放性试验项目

第 1 节　黏性土物理力学性质综合性试验

岩土工程勘察试验是将勘察取出的土样进行土工试验,将记录的地质资料与室内土工试验数据进行归纳、统计、分析,编制成图表,并对场地工程地质条件和问题作系统的分析和评价,以全面正确地反映场地的工程地质条件和提供地基土的物理力学指标。黏性土物理力学性质综合性试验是结合岩土工程勘察试验要求,开展土的物理力学性质试验的综合性试验。

14.1.1　试验目的

(1)培养土木工程专业学生基本的专业实践技能、综合能力和专业素质。

(2)使学生掌握原状土的采样、制样方法和土样状态的描述方法。

(3)使学生掌握黏性土物理力学性质的试验方法和数据处理方法。

(4)使学生掌握岩土工程勘察试验报告的编制方法。

(5)结合工程实例,让学生了解黏性土的参数指标在工程上的应用,体会学以致用的乐趣,提高学好土力学试验的积极性。

14.1.2　试验内容

对黏性土的原状土样采样、制作试样,进行密度试验、含水率试验、比重试验、界限含水率试验、固结试验、渗透试验、直接剪切试验和颗粒分析试验。

14.1.3　试验报告要求

(1)根据现场采集的原状土样,描述土样的颜色和辨别土的物理状态。

(2)根据界限含水率试验的结果,计算土样的塑性指数和液性指数,并评价土的软硬状态。

(3)根据颗粒分析试验结果,绘制颗粒级配曲线,计算该土样的不均匀系数 C_u 和曲率系数 C_c,对其进行工程分类,并评价其级配情况。

(4)根据颗粒分析试验和界限含水率试验的结果,按照《水利水电工程土工试验规程》(DL/T 5355—2006)对土样进行命名。

(5)根据颗粒分析试验和界限含水率试验的结果,按照《公路工程试验规程》(JTG 3430—2020)对土样进行工程分类及填料分组。

(6)根据固结试验结果,绘制 $e-p$ 曲线和 $s-\sqrt{t}$ 曲线,计算出各压力段的压缩系数 a_v、体积压缩系数 m_v 和压缩模量 E_s,并评价土的压缩性大小,根据 $s-\sqrt{t}$ 曲线计算土的固结系数。

（7）根据渗透试验结果，计算该黏性土的渗透系数 k。

（8）根据直接剪切试验结果，确定该黏性土的抗剪强度指标 c、φ 的值。

（9）根据试验结果，按照《建筑地基基础设计规范》（GB 50007—2011）确定地基承载力基本容许值 $[f_{a0}]$。

（10）根据试验结果，按照《建筑地基基础设计规范》（GB 50007—2011）确定地基基本承载力 σ_0。

（11）根据试验结果，编制岩土工程勘察试验报告。

第2节　路基填料工程分类及土的压实特性试验

《铁路路基设计规范》（TB 10001—2016）规定：铁路路基填料按照颗粒粒径大小可分为巨粒土、粗粒土和细粒土三大类别。巨粒土和粗粒土根据颗粒组成、颗粒形状、颗粒级配、细粒含量和抗风化能力，分为 A、B、C、D 四组。细粒土根据塑性指数和有机质含量可分为粉土、黏性土和有机土，有机土为 E 组。黏性土和粉土采用液限进行填料分组：当 $\omega_L \geqslant 40\%$ 时，为 C 组；当 $\omega_L < 40\%$ 时，为 D 组。铁路路基基床表层的填料颗粒粒径不得大于 150 mm。I 级铁路填料应选用 A 组填料；II 级铁路填料应优先选用 A 组填料，其次为 B 组填料，对不符合要求的填料应采取土质改良或加固措施。基床底层填料的最大粒径不应大于 200 mm 或摊铺厚度的 2/3，I 级铁路填料应选用 A、B 组填料，否则应采取土质改良或加固措施；II 级铁路填料应选用 A、B、C 组填料，当采用 C 组填料时，在年平均降水量大于 500 mm 的地区，其塑性指数不得大于 12，液限不得大于 32%，否则应采取土质改良或加固措施。路堤基床以下部位填料，宜选用 A、B、C 组填料；当选用 D 组填料时，应采取土质改良或加固措施；严禁使用 E 组填料。

《公路路基设计规范》（JTG D30—2015）规定：公路填方路基应优先选用级配较好的砂类土、砾类土等粗粒土作为填料，填料最大粒径应小于 150 mm。淤泥、泥炭、有机质土、冻土、膨胀土及易溶盐超过容许含量的土，不得直接用于填筑路基。粉质土不应填筑在冻胀地区的路床及浸水部分的路堤。塑性指数大于 26、液限大于 50% 的细粒土，不得直接作为路堤填料。浸水路堤应选用渗水性良好的材料填筑，当采用细砂、粉砂作填料时，应考虑振动液化的影响。

公路工程和铁路工程的填方地段对填料都有要求，本节将讲述颗粒分析的试验方法。通过该试验，结合路基工程的知识，对路基填料进行工程分类，并判定填料的级配情况。

14.2.1　试验目的

（1）使学生掌握路基填料的试验方法、路基填料定名和工程分类方法。

（2）使学生掌握土的压实理论及相应的试验方法。

（3）结合工程实例，让学生了解颗粒分析试验和击实试验在工程上的应用，体会学以致用的乐趣，提高其学好土力学试验的积极性。

14.2.2　试验内容

现场取路基填料 35 kg,测定填料的含水率、比重、液限和塑限;对填料颗粒进行分析试验,分析其颗粒级配情况;对填料进行击实试验,确定路基压实时的最大干密度和最优含水率。

14.2.3　试验报告要求

(1)根据颗粒分析试验结果,绘制颗粒级配曲线,计算出该填料的不均匀系数 C_u 和曲率系数 C_c,判断填料的级配,并评价其压实性。

(2)分别依据铁路和公路相关的规范标准对土的类别进行分类。

(3)根据击实试验结果,绘制击实曲线,确定填料的最大干密度和最优含水率。

第 3 节　物理改良土试验

路基不良土是指不适于直接用作路基填料的土。《公路路基施工技术规范》(JTG/T 3610—2019)规定:公路路堤填料要求不得使用淤泥、沼泽土、冻土、有机土及含草皮、生活垃圾、树根和腐朽物质的土,采用盐渍土、黄土、膨胀土填筑路堤时,应采取特殊措施,而液限大于 50%、塑性指数大于 26 的细粒土,以及含水率超过规定的土,均不得直接作为路堤填料,需要对原土进行改良。《铁路路基设计规范》(TB 10001—2016)规定,对不符合要求的填料应采取土质改良或加固措施。

改良土是通过改善土的工程地质性质,以达到工程活动目的的措施。土与工程建筑物直接相关的工程地质性质,主要为透水性和力学性能(可压缩性和抗破坏性),而它们取决于土的物质成分和结构特点。因此,土质改良实质上是通过改变土的成分和结构,达到改善土性质的目的。改良土包括物理改良土和化学改良土两种方法。

化学改良土是在原土料中掺入水泥、石灰、粉煤灰等外掺料,使原土料变为满足工程性能的混合料。化学改良土分为石灰改良土、水泥改良土、水泥石灰改良土、水泥粉煤灰改良土、水泥石灰粉煤灰改良土、石灰,粉煤灰改良土等。

物理改良土是在原土料中按照一定的配合比掺入粗骨料(如中砂、粗砂、碎石及砾石等材料)或对土进行破碎、筛分处理,以改变土的颗粒级配,提高土的压实性能,使其成为满足工程性能的混合料。

改良土的拌和方法主要有厂拌法、路拌法和集中场地拌和法。厂拌法是采用专用的破碎、拌和机械进行工厂化生产,其具有拌和均匀、质量易控的特点,但成本高、效率低。路拌法是采用路拌机械在路堤施工现场拌和,其具有方法简便、成本低、对含水率要求不高的特点,但受气候影响大,污染大。集中场地拌和法是采用路拌机械集中在场地(如取土场、专用拌和场)内拌和,其拌和工艺与路拌法相同,可减小对施工沿线的污染。

本试验主要是对路基不良土进行物理改良试验,选用的土为级配不好的 C、D 类土,通过加中砂、粗砂将原土改良为 A 类或 B 类土。

14.3.1　试验目的

(1)使学生掌握物理改良土的原理和试验方法。

(2)对比研究土料物理改良前后最大干密度和最优含水率的变化情况。

(3)结合工程实例,让学生了解物理改良土试验在工程上的应用,体会学以致用的乐趣,提高学好土力学试验的积极性。

14.3.2　试验内容

(1)测定原土料的含水率、液限、塑限、颗粒级配情况及最大干密度和最优含水率。

(2)测定粗骨料的颗粒级配情况(根据原土料的颗粒级配情况选用中砂、粗砂或碎石)。

(3)测定经物理改良后土的最大干密度和最优含水率。

14.3.3　试验报告要求

(1)根据原土料颗粒分析试验结果,绘制颗粒级配曲线,计算出土的不均匀系数和曲率系数,评价其级配情况。根据《铁路路基设计规范》(TB 10001—2016)对原土料进行工程分类及填料分组。

(2)根据粗骨料颗粒分析试验结果,绘制颗粒级配曲线,计算出粗骨料的不均匀系数和曲率系数,评价其级配情况。

(3)根据原土料和粗骨料的颗粒级配情况,计算出物理改良土的配合比。

(4)绘制物理改良土的颗粒级配曲线,计算出改良土的不均匀系数和曲率系数,评价其级配情况。

(5)根据原土料的击实试验结果,绘制击实曲线,得到其最大干密度和最优含水率。

(6)根据物理改良土的击实试验结果,绘制击实曲线,得到其最大干密度和最优含水率。

(7)对比研究物理改良前后土最大干密度和最优含水率的变化情况并分析原因。

第4节　石灰改良土试验

石灰改良土是在路基不良土中掺入一定量的生石灰粉或消石灰粉,经拌和、压实、淋水及养护,最后形成具有一定强度的固结土。《公路路基施工技术规范》(JTG/T 3610—2019)规定,石灰改良土土壤本身的塑性指数应不小于10,且最好是塑性指数大于17的黏性土。

评价土的石灰改良效果一般采用土的无侧限抗压强度这个指标。改良土的无侧限抗压强度与石灰的掺入量、土的类别和压实系数有关,也与养护龄期有关。由于石灰掺入量较少,改良土的固化和水凝过程一般比较长。研究表明,化学改良土的强度增长期长达60~90 d。7 d龄期只是改良土强度增长的一个初级阶段,远远未达到其长期的稳定强度,而在改良土填筑路基中发挥作用的恰恰是其长期强度。本试验采用石灰进行路基不良土的化学改良试验。

14.4.1　试验目的

(1)使学生掌握石灰改良土的基本原理和试验方法。

(2)巩固与提高学生土力学和土木工程材料所学专业知识,培养学生的综合能力和科学研究能力。

(3)结合工程实例,让学生了解石灰改良土试验在工程上的应用,体会学以致用的乐趣,提高学好土力学试验的积极性。

14.4.2　改良机制

石灰改良土的作用机制主要有阳离子交换作用、胶凝作用、碳酸化作用和吸水作用。

14.4.2.1　阳离子交换作用

土粒表面的 K^+、Na^+ 和 H^+ 等阳离子与石灰中的 Ca^{2+} 发生置换作用,使土颗粒间结合力增强,土体强度提高。

14.4.2.2　胶凝作用

土中的 SiO_2、Al_2O_3 与石灰中的 CaO 发生化学反应,生成复杂的化合物,产生较强的黏结作用,从而提高改良土的强度。

14.4.2.3　碳酸化作用

空气中的 CO_2 与石灰发生化学反应生成 $CaCO_3$,使土硬化,从而固化土体。

14.4.2.4　吸水作用

生石灰在熟化过程中吸水,并释放出大量的热量,从而降低土体的含水量。使土体体积膨胀,促进土体的固结,提高土体强度。但是石灰掺入量过大会导致路面开裂,因此工程实际中石灰的掺入量一般为 5%~8%。

14.4.3　试验材料

14.4.3.1　石灰

采用一等建筑钙质生石灰粉或合格建筑钙质生石灰,其石灰中的氧化钙和氧化镁含量不应小于 80%, 生石灰粉过孔径为 0.90 mm 筛的筛余不应大于 0.5%,过孔径为 0.125 mm 筛的筛余不应大于 12%,建筑钙质生石灰未消化残渣含量(5 mm 圆孔筛余)不应大于 11%。

14.4.3.2　原土料

原土料采用路基不良土,如黄土、膨胀土、高液限粉质黏土或高液限黏土,学生可根据取土的方便情况自己选定。

14.4.4　试验内容

生石灰掺入比为 5%、6%、7%,养护龄期分别为 7 d、14 d、28 d、56 d、90 d,压实系数分别为 0.90、0.92 和 0.94,进行密度试验、含水率试验、界限含水率试验、颗粒分析试验;按照化学改良土的方法进行击实试验和无侧限抗压强度试验,根据击实试验结果得到其最大干密度和最优含水率;按照最优含水率制作 ϕ 50 mm×50 mm 试样,养护到规定龄期后进行无侧限抗压强度试验。

14.4.5　试验报告要求

(1)根据原土料的颗粒分析试验结果,绘制颗粒级配曲线,计算出其不均匀系数和曲率系数,判断填料的级配情况,并评价其压实性。根据《铁路路基设计规范》(TB 10001—2016)对原土料进行工程分类及填料分组。

(2)根据原土料的击实试验结果,绘制击实曲线,确定其最大干密度和最优含水率。

(3)根据石灰改良土的击实试验结果,绘制击实曲线,确定其最大干密度和最优含水率。

(4)对比研究石灰改良土改良前后最大干密度和最优含水率的变化情况,并分析原因。

(5)根据试验结果,研究石灰改良土的液、塑限随石灰掺入比的变化规律。

(6)根据试验结果,研究石灰改良土的密度随石灰掺入比的变化规律。

(7)根据试验结果,研究石灰改良土的含水率随石灰掺入比的变化规律。

(8)根据试验结果,研究石灰改良土的无侧限抗压强度随压实系数的变化规律。

(9)根据试验结果,研究石灰改良土的无侧限抗压强度随石灰掺入比的变化规律。

(10)根据试验结果,研究石灰改良土的无侧限抗压强度随养护龄期的变化规律。

第 5 节　路基填料压实特性和压实度试验

路基压实质量是道路工程施工质量管理最重要的一个指标,只有对路基进行充分压实,才能保证路基的强度、刚度及耐久性,并可以保证及延长路基工程的使用寿命。公路工程现场压实质量一般采用压实度表示。压实度是指工地实际达到的干密度与室内标准击实试验所得的最大干密度的比值,并用百分数表示,即

$$K = \frac{\rho_{\mathrm{d}}}{\rho_{\mathrm{dmax}}} \times 100\% \tag{14-1}$$

式中　ρ_{d} ——压实后的干密度,g/cm³;

ρ_{dmax} ——标准击实试验求得的最大干密度,g/cm³。

公路压实度检测应符合下列规定:采用灌砂法、灌水法检测压实度时,取土样的底面位置为每一压实度底部;采用环刀法试验时,环刀中部处于压实层的 1/2 厚度处;在施工过程中,每一压实层均应检验压实度,检测频率为每 1 000 m²,至少检验 2 个点,不足1 000 m² 时检验 2 个点,必要时可根据需要增加检验点。

设计规范要求的压实度标准见表 14-1、表 14-2,将现场检测的压实度结果与设计要求进行比较,从而可判定路基的施工质量。

表 14-1　公路路床土压实度要求

项目分类	路面底面以下深度/m	压实度/%		
		高速公路、一级公路	二级公路	三、四级公路
填方路基	0~0.3	≥96	≥95	≥94
	0.3~0.8	≥96	≥95	≥94
零填及挖方路基	0~0.3	≥96	≥95	≥94
	0.3~0.8	≥96	≥95	

注：1. 表列压实度是按《公路土工试验规程》(JTG 3430—2020)重型击实试验法求得的最大干密度时的压实度。
2. 当三、四级公路铺筑沥青混凝土和水泥混凝土路面时，其压实度应采用二级公路的规定值。

表 14-2　公路路堤压实度要求

项目分类	路面底面以下深度/m	压实度/%		
		高速公路、一级公路	二级公路	三、四级公路
上路堤	0.80~1.50	≥94	≥94	≥93
下路堤	1.50 以下	≥94	≥92	≥90

注：表列压实度是按《公路土工试验规程》(JTG 3430—2020)重型击实试验法求得的最大干密度时的压实度，当三、四级公路铺筑沥青、混凝土和水泥混凝土路面时，其压实度应采用二级公路的规定值；当路堤采用特殊填料或处于特殊气候地区时，其压实度标准可根据试验在保证路基强度要求的前提下适当降低。

14.5.1　试验目的

（1）使学生掌握填料压实的基本理论、相关的试验方法和填料压实度的评价方法。

（2）结合工程实例，让学生了解密度试验、颗粒分析试验及击实试验在工程上的应用，体会学以致用的乐趣，提高学好土力学试验的积极性。

14.5.2　试验内容

在路基边坡上开挖取样，进行筛分试验、液、塑限试验和击实试验。在路基面上进行密度试验，如果路基填料是容易成型的黏性土，采用环刀法测密度，否则采用灌砂法测密度。

14.5.3　试验报告要求

（1）根据《公路土工试验规程》(JTG 3430—2020)对土样进行工程分类。

（2）根据颗粒分析试验结果，绘制颗粒级配曲线，计算出其不均匀系数和曲率系数，判断填料的级配情况，并评价其压实性。

（3）根据击实试验结果，绘制击实曲线，确定其最大干密度和最优含水率。

（4）根据现场检测的干密度结果，计算压实度，并根据《公路土工试验规程》(JTG 3430—2020)要求判定路基的施工质量。

参考文献

[1] 中华人民共和国国家发展和改革委员会. 水利水电工程土工试验规程[M]. 北京:中国电力出版社,2006.

[2] 中华人民共和国工业和信息化部,中华人民共和国国家质量监督检验检疫总局. 土工试验规程[M]. 北京:中国计划出版社,2016.

[3] 国家铁路局. 铁路工程土工试验规程[M]. 北京:中国铁道出版社,2023.

[4] 中华人民共和国交通运输部. 公路土工试验规程[M]. 北京:人民交通出版社,2020.

[5] 中华人民共和国住房和城乡建设部,国家市场监督管理总局. 土工试验方法标准[M]. 北京:中国计划出版社,2019.

[6] 阮波,张向京. 土力学试验[M]. 武汉:武汉大学出版社,2015.

[7] 张吾渝. 土力学试验指导书[M]. 北京:中国建材工业出版社,2016.

[8] 刘伟,汪权明. 土力学试验指导[M].北京:化学工业出版社,2020.

[9] 杨迎晓. 土力学试验指导[M].杭州:浙江大学出版社,2015.

[10] 孟云梅. 土力学试验[M]. 北京:北京大学出版社,2015.

[11] 朱秀清. 土力学实验指导书[M]. 北京:中国水利水电出版社,2016.

[12] 宋兴海. 土力学实验教程[M]. 天津:天津大学出版社,2017.

[13] 杨梅,邱祖华. 土力学实验教程[M]. 成都:西南交通大学出版社,2012.

[14] 孙秉慧. 土工试验规程[M]. 郑州:黄河水利出版社,2008.